U0958237

材料科学与工程实验系列教材

总主编　崔占全　潘清林　赵长生　谢峻林
总主审　王明智　翟玉春　肖纪美

金属材料塑性成形实验教程

主　编　中南大学　李慧中
副主编　中南大学　刘楚明
湖南涉外经济学院　陈健美
太原科技大学　郑晓华
北方民族大学　李海玲
主　审　中南大学　潘清林

北　京
冶金工业出版社
北京大学出版社
国防工业出版社
哈尔滨工业大学出版社
2011

内 容 提 要

本书是根据材料加工工程、材料成形及控制工程专业和机械工程专业等系列课程实验教学的要求编写的，内容包括金属材料塑性加工原理、金属材料塑性成形技术、金属材料塑性成形设备及模具、金属材料塑性成形过程参数测试技术等课程的常规实验。涉及专业基础课、专业课及专业选修课等不同类别的课程。根据专业的发展需要，本实验教材特别安排了以培养学生实验研究能力、创新能力为目的的具有综合性、设计性和创新性的大型综合技术实验。每个实验既介绍了实验的专业知识、实验目的、原理、实验内容与步骤，又说明了实验设备及材料，同时提出了对实验报告的要求，旨在为相关专业课程的实验教学提供指导。

本书可作为金属材料科学与工程、材料成形及控制工程、机械工程等专业系列课程的专科、本科、研究生实验教材，也可供相关专业的老师和工程技术人员参考。

图书在版编目(CIP)数据

金属材料塑性成形实验教程/李慧中主编．—北京：冶金工业出版社，2011.8

材料科学与工程实验系列教材

ISBN 978-7-5024-5706-8

Ⅰ.①金…　Ⅱ.①李…　Ⅲ.①金属压力加工—塑性变形—实验—高等学校—教材　Ⅳ.①TG3－33

中国版本图书馆 CIP 数据核字(2011)第 177861 号

出 版 人　曹胜利

地　　址　北京北河沿大街嵩祝院北巷 39 号，邮编 100009

电　　话　(010)64027926　电子信箱　yjcbs@cnmip.com.cn

责任编辑　杨盈园　美术编辑　李　新　版式设计　孙跃红

责任校对　石　静　责任印制　牛晓波

ISBN 978-7-5024-5706-8

北京鑫正大印刷有限公司印刷；冶金工业出版社发行；各地新华书店经销

2011 年 8 月第 1 版，2011 年 8 月第 1 次印刷

787mm×1092mm　1/16；9.75 印张；225 千字；142 页

20.00 元

冶金工业出版社发行部　电话：(010)64044283　传真：(010)64027893

冶金书店　地址：北京东四西大街46 号(100010)　电话：(010)65289081(兼传真)

(本书如有印装质量问题，本社发行部负责退换)

《材料科学与工程实验系列教材》

出版委员会

序　言

近年来，我国高等教育取得了历史性突破，实现了跨越式的发展，高等教育由精英教育变为大众化教育。以国家需求与社会发展为导向，走多样化人才培养之路是今后高等教育教学改革的一项重要内容。

作为高等教育教学内容之一的实验教学，是培养学生动手能力、分析问题、解决问题能力的基础，是学生理论联系实际的纽带和桥梁，是高等院校培养创新开拓型和实践应用型人才的重要课堂。因此，实验教学及国家级实验示范中心建设在高等学校建设上至关重要，在高等院校人才培养计划中亦占有极其重要的地位。但长期以来，实验教学存在以下弊病：

1. 在高等学校的教学中，存在重理论轻实践的现象，实验教学长期处于从属理论教学的地位，大多没有单独设课，忽视对学生能力的培养；

2. 实验教师队伍建设落后，师资力量匮乏，部分实验教师由于种种原因而进入实验室，且实验教师知识更新不够；

3. 实验教学学时有限，且在教学计划中实验教学缺乏系统性，为了理论教学任务往往挤压实验教学课时，实验教学没有被置于适当的位置；

4. 实验内容单调，局限在验证理论；实验方法呆板、落后，学生按照详细的实验指导书机械地模仿和操作，缺乏思考、分析和设计过程，被动地重复几年不变的书本上的内容，整个实验过程是教师抱着学生走；设备缺乏且陈旧，组数少，大大降低了实验效果；

5. 整个高等学校存在实验室开放程度不够，实验室的高精尖设备学生根本没有机会操作，更谈不上学生亲自动手及培养其分析问题与解决问题的能力。

这样，怎么能培养出适应国家“十二五”发展规划以及建设“创新型国家”需求的合格毕业生?

“百年大计，教育为本；教学大计，教师为本；教师大计，教学为本；教学大计，教材为本。”有了好的教材，就有章可循，有规可依，有鉴可借，有路可走。师资、设备、资料（首先是教材）是高等院校的三大教学基本建设。

为了落实教育部“质量工程”及“卓越工程师”计划，建设好材料类特色专业与国家级实验示范中心，实现培养面向21世纪高等院校材料类创新型综合性应用人才的目的，国内涉及材料科学与工程专业实验教学的40余所高校及国内四家出版社100多名专家、学者，于2011年1月成立了“材料科学与工程实验教学研究会”。“研究会”针对目前国内材料类实验教学的现状，以提升材料实验教学能力和传输新鲜理念为宗旨，团结全国高校从事材料科学与工程类实验教学的教师，共同研究提高我国材料科学与工程类实验教学的思路、方法，总结教学经验；目标是，精心打造出一批形式新颖、内容权威、适合时代发展的材料科学与工程系列实验教材，并经过几年的努力，成为优秀的精品课程教材。为此，成立“实验系列教材编审委员会”，并组成以国内有关专家、院士为首的高水平“实验系列教材总编审指导委员会”，其任务是策划教材选题，审查把关教材总体编写质量等；还组成了以教学第一线骨干教师为首的“实验教材编写委员会”，其任务是，提出、审查编写大纲，编写、修改、初审教材等。此外，冶金工业出版社、国防工业出版社、北京大学出版社、哈尔滨工业大学出版社等组成了本系列实验教材的“出版委员会”，协调、承担本实验教材的出版与发行事宜等。

为确保教材品位、体现材料科学与工程实验教材的国家级水平，“编委会”特意对培养目标、编写大纲、书目名称、主干内容等进行了研讨。本系列实验教材的编写，注意突出以下特色：

1. 实验教材的编写与教育部专业设置、专业定位、培养模式、培养计划、各学校实际情况联系在一起；坚持加强基础、拓宽专业面、更新实验教材内容的基本原则。

2. 实验教材编写紧跟世界各高校教材编写的改革思路。注重突出人才素质、创新意识、创造能力、工程意识的培养，注重动手能力，分析问题及解决问题能力的培养。

3. 实验教材的编写与专业人才的社会需求实际情况联系在一起，做到宽窄并举；教材编写应听取用人单位专业人士的意见。

4. 实验教材编写突出专业特色、深浅度适中，以编写质量为实验教材的生命线。

5. 实验教材的编写，处理好该实验课与基础课之间的关系，处理好该实验课与其他专业课之间的关系。

6. 实验教材编写注意教材体系的科学性、理论性、系统性、实用性，不但要编写基本的、成熟的、有用的基础内容，同时也要将相关的未知问题在教材中体现，只有这样才能真正培养学生的创新意识。

7. 实验教材编写要体现教学规律及教学法，真正编写出一本教师及学生都感觉到得心应手的教材。

8. 实验教材的编写要注意与专业教材、学习指导、课堂讨论及习题集等配套教材的编写成龙配套，力争打造立体化教材。

本材料科学与工程实验系列教材，从教学类型上可分为：基础入门型实验，设计研究型实验，综合型实践实验，软件模拟型实验，创新开拓型实验。从教材题目上，包括材料科学基础实验教程（金属材料工程专业）；机械工程材料实验教程（机械类、近机类专业）；材料科学与工程实验教程（金属材料工程）；高分子材料实验教程（高分子材料专业）；无机非金属材料实验教程（无机专业）；材料成型与控制实验教程（压力加工分册）；材料成型与控制实验教程（铸造分册）；材料成型与控制实验教程（焊接分册）；材料物理实验教程（材料物理专业）；超硬材料实验教程（超硬材料专业）；表面工程实验教程（材料的腐蚀与防护专业）等一系列与材料有关的实验教材。从内容上，每个实验包含实验目的、实验原理、实验设备与材料、实验内容与步骤、实验注意事项、实验报告要求、思考题等内容。

本实验系列教材由崔占全（燕山大学）、潘清林（中南大学）、赵长生（四川大学）、谢峻林（武汉理工大学）任总主编；王明智（燕山大学）、翟玉春（东北大学）、肖纪美（北京科技大学、院士）任总主审。

经全体编审教师的共同努力，本系列教材的第一批教材即将出版发行，我们殷切期望此系列教材的出版能够满足国内高等院校材料科学与工程类各个专业教育改革发展的需要，并在教学实践中得以不断充实、完善、提高和发展。

本材料科学与工程实验系列教材涉及的专业及内容极其广泛。随着专业设置与教学的变化和发展，本实验系列教材的题目还会不断补充，同时也欢迎国内从事材料科学与工程专业的教师加入我们的队伍，通过实验教材这个平台，将本专业有特色的实验教学经验、方法等与全国材料实验工作者同仁共享，为国家复兴尽力。

由于编者水平及时间所限，书中不足之处，敬请读者批评指正。

材料科学与工程实验教学研究会
材料科学与工程实验系列教材编写委员会

2011 年 7 月

前　言

实践教学应以“理论教学与实验教学有机融合、专业知识与应用技能有机融合”为理念，以创新素质培养为目标，建立包括基础实验、综合实践、创新活动、专业实践、社会实践五方面内容的立体式、多形式综合实践教学体系。对于工科教学更应注重实践教学的作用，勤于动手，善于思考，从理论到实践，从了解到掌握，从基础到前沿，这样才能提高工科学生的综合能力，才能培养出真正的国家栋梁。金属材料塑性成形是材料科学与工程、材料成形及控制和机械工程等专业的基础课，主要研究的是金属材料塑性成形原理、技术、设备、模具以及塑性成形过程中参数的测试，本课程教学不仅仅是培养学生具有扎实的专业理论知识，更重要的是培养学生的创新能力。金属材料塑性成形实验教程内容丰富，覆盖面广，主要包括金属材料塑性成形原理、金属材料塑性成形技术、金属材料塑性成形设备及模具、金属材料塑性成形过程参数测试技术等课程等实验内容。每个实验均由专业知识、实验目的、实验原理、实验设备及材料、实验内容及步骤和实验报告要求等六部分组成。在第四章安排了四个“三性”实验以培养学生的创新能力。

全书分为五章，总共37个实验，实验教学可根据本学校专业特点进行适当的选择。

本书由中南大学李慧中任主编并对全书进行统稿，由中南大学潘清林教授主审。具体参加编写的有李慧中（第一章，实验一、三、四、五、八、九、十；第二章，实验一、二、三、四、五、六、七、八、九、十一、十二、十三），郑晓华（第一章，实验六；第二章，实验十；第三章，实验三、四、五），李海玲（第一章，实验二、七、十一；第三章，实验一、二），陈健美（第四章），刘楚明（第五章），研究生王海军、刘洪挺、曾敏、宋阳、李立对本书的文字、图和表进行了校对。

本书在编写过程中，参考了许多兄弟院校的实验教材、实验指导书、有关著作和论文，中南大学李周、陈明安、徐国富、黄继武四位教授对本书的初稿提出了宝贵的修改意见，本书的出版得到了中南大学、湖南涉外经济学院、太原科技大学及北方民族大学的大力支持，谨此一并深表谢意。由于条件有限，本书未能列出所有参考文献，在此对未列出参考文献的作者表示万分歉意，并对所有参考文献的作者表示衷心的感谢。

由于编者水平有限，书中不妥之处在所难免，欢迎广大读者批评指正。

编 者

2011 年 5 月

目　录

第一章　金属材料塑性加工原理实验 …… 1
实验一　金属塑性变形的特点 …… 1
实验二　金属薄板拉伸试验 …… 5
实验三　外摩擦对接触表面上金属质点流动及压力分布的影响 …… 9
实验四　硬化曲线实验 …… 13
实验五　常摩擦系数的测定方法 …… 17
实验六　镦粗不均匀变形的研究 …… 20
实验七　圆柱体自由镦粗实验 …… 23
实验八　变形分布的研究 …… 25
实验九　残余应力的测定实验 …… 28
实验十　金属变形抗力及加工硬化分析 …… 32
实验十一　塑性变形对金属性能的影响 …… 36
第二章　金属材料塑性加工技术实验 …… 38
实验一　挤压过程中挤压力的变化规律 …… 38
实验二　不同挤压条件下的金属流动及挤压力变化的测定 …… 42
实验三　偏心圆孔模挤压时的金属流动实验 …… 46
实验四　分流模挤压对挤压力及制品焊缝质量的影响 …… 48
实验五　拉线的安全系数及拉伸力的测量实验 …… 51
实验六　最大咬入角的测定 …… 55
实验七　平辊轧制前滑的测定 …… 58
实验八　金属轧制过程中轧制力的测定 …… 61
实验九　金属室温压缩及塑性流动规律 …… 64
实验十　环形件模锻研究 …… 67
实验十一　极限拉深系数的研究 …… 71
实验十二　金属板料冲压成形性能实验 …… 73
实验十三　金属薄板成形极限实验 …… 77
第三章　金属材料塑性成形设备及模具实验 …… 81
实验一　冲压模具的组装与测量实验 …… 81

实验二 冲压模具设计 …… 85
实验三 液压机基本参数测定 …… 88
实验四 液压缸应力测定 …… 90
实验五 锻锤打击能量的测定 …… 94

第四章 金属材料塑性成形过程参数测试技术实验 …… 99

实验一 电阻应变片的粘贴及组桥 …… 99
实验二 测力传感器的静态标定 …… 103
实验三 轧制压力的测定 …… 108
实验四 超声无损检测技术实验 …… 110

第五章 金属材料塑性成形综合技术实验 …… 117

实验一 金属塑性成形综合实验 …… 117
实验二 热模拟压缩综合实验 …… 123
实验三 Deform 软件在金属塑性成形中的应用 …… 131
实验四 金属材料塑性成形创新设计型实验 …… 138

参考文献 …… 142

第一章

金属材料塑性加工原理实验

实验一　金属塑性变形的特点

一、专业知识

金属之所以能进行压力加工，是由于金属具有塑性这一特点。所谓塑性，是指金属在外力作用下，能稳定地产生永久变形而不破坏其完整性的能力。金属塑性的大小，可用金属在断裂前产生的最大变形程度来表示。通常称压力加工时金属塑性变形的限度（即塑性极限）为塑性指标。

当外力比较小时变形为弹性变形，也就是外力去除以后变形可以消失，这种可以恢复的变形称为弹性变形。晶体在弹性变形时，应力和应变是直线关系，这个关系称为虎克定理，即在单向拉伸时，拉应力 σ、弹性模量 E、伸长应变 ε 之间存在关系 $\sigma = E\varepsilon$，在剪切变形时剪应力 τ、剪切模量 G、剪应变 γ 之间存在关系 $\tau = G\gamma$。但是当外加应力超过一定的值（即屈服极限），应力和应变就不再是线性关系，卸载后变形也不能完全消失，而会留下一定的残余变形或永久变形，这种不可以恢复的变形称为塑性变形或范性变形。

对金属与合金塑性的研究，是压力加工理论与实践的重要课题之一。

二、实验目的

本实验的目的就是通过低碳钢拉伸试验了解金属塑性变形的基本特点，为学习塑性加工力学打下一定的实践基础。

三、实验原理

低碳钢的拉伸试验可得到如图 1-1 所示的拉伸曲线，该曲线反映了金属塑性变形过程典型的力学行为。图 1-1 中 p 点称为比例极限点，是该曲线的极限部分的顶点，e 点为弹性极限点，已稍稍偏离了直线，当材料的应力小于弹性极限 σ_e，载荷全部卸去后，试样完全回复到原来的形状尺寸与性能，而且无论是加载还是卸载，试样的形状尺寸与某一瞬时的外载荷有关，沿着完全同一的路径发生，应力应变之间存在统一的关系——虎克定律$\sigma = E\varepsilon$。

当应力达 s 点时，试样在应力不太增加的情况下会发生较大的塑性流动，图 1-1 中出现一段平台（即屈服平台），这种现象称为材料的屈服。屈服时的最小应力 σ_s 称为材料的屈服极限。应力达到这一数值，材料就从弹性状态转变成塑性状态。

实际上，比例极限 σ_p、弹性极限 σ_e 和屈服极限 σ_s 三者是非常接近的，故工程上常将三者视为一点而不加以区别，统一用 σ_s 表示，把 σ_s 视为弹性变形与塑性变形的分界点，即认为材料屈服之前为弹性变形阶段，屈服之后为塑性变形阶段。

当试样继续拉伸时，随着应变的增加，应力也需要继续增大，沿着曲线达到最高点——强度极限点 σ_b，但应注意，σ_b 并不是拉伸过程中作用在实际断面上的最大应力。

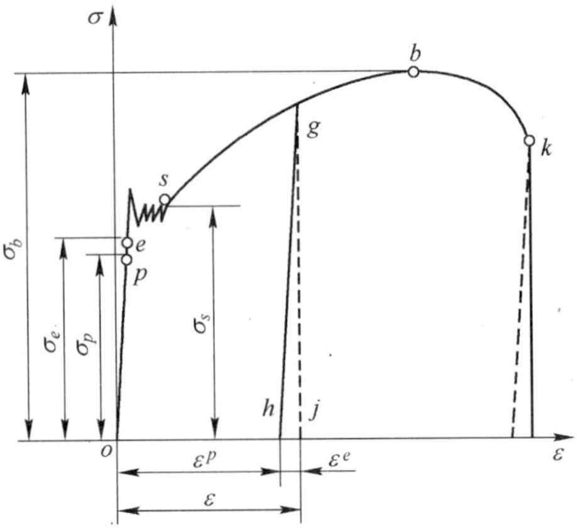

图 1-1 低碳钢的拉伸曲线

当载荷继续增加至 b 点时，试样发生不均匀变形，变形集中在某一局部，截面出现局部变细的缩颈现象，所以 b 点又是简单拉伸时材料失稳的临界点，此处有 $dP=0$ 或 $d\varepsilon=0$，缩颈处呈现三向拉应力状态，酝酿着断裂。当变形量迅速增大至 k 点时试样被拉断。可见弹性变形、塑性变形和断裂是金属变形的 3 个基本阶段，这 3 个阶段既有区别，又有联系。如弹性变形是塑性变形的前奏，塑性变形过程中存在弹性变形，同时酝酿着断裂。

在塑性变形阶段上的某点 g，卸除外载荷时，延伸量已达 oj 的试样将沿 gh 卸载到应力为零，且 gh 几乎平行于 op。卸载完毕后，试样残存永久变形量 oh，只有一部分变形量 hj 得到回复。其中能回复的部分为弹性变形，以 ε^e 表示，不能回复的、残存的永久变形部分为塑性变形，以 ε^p 表示，应力应变关系曲线上任一点 g（ε，σ）所对应的应变量是：

$$\varepsilon = \varepsilon^e + \varepsilon^p = \frac{\sigma}{E} + \varepsilon^p$$

加载时，即 $\sigma d\sigma > 0$ 时，有新的塑性变形发生，应力应变关系一般是非线性的，可表示为：

$$\sigma = f(\varepsilon) = H(\varepsilon^p)$$

卸载时，即 $\sigma d\sigma \leqslant 0$ 时，不发生新的塑性变形，而只有弹性变形回复，应力应变仍是线性的。

弹性变形、塑变形共存和加载、卸载过程不同的应力应变关系是金属塑性变形的两个基本特点。

加载卸载过程应力应变关系的不同可引出塑性变形的另一重要现象，塑性变形应力应变关系的多值性，即不一一对应。如图 1-1 所示，对于一定 σ_0，若中途没有出现卸载，其对应的应变为 ε_0，若先加载达到 g 点，经卸载至 σ_0，则对应的应变为 ε'。同样，对于同一应变，有时会对应多个应力。但并不是说，塑性变形的应力应变关系就不能唯一确定了。如果知道加载历史（具体指预变形量），从初始的零状态开始，逐段地跟随加载历史寻找到最终状态的应力 σ，则应变 ε 还是一定值。应力应变关系与加载历史有关是金属塑性变形的又一重要特点。

在塑性变形阶段，如将卸载过的试样重新加载，即可发现拉伸曲线是以 h 点为起点，几乎沿着 hg 回升，在达到 g 点之前，即使应力可能超过 σ_s，但试样并不发生屈服，只有当应力达到 g 点后，塑性变形才重新出现，以后的曲线仍然沿着 gbk 发展下去，这时的拉伸曲线就是 $hgbk$。g 点的应力就是试样重新加载时新的屈服应力，如果重复上述卸载、加载过程，就可发现重新加载时屈服应力沿 gb 线上升，这一现象称为应变硬化，工程上又称冷作硬化或加工硬化。表明金属塑性变形过程伴随有力学性能的变化，这是塑性变形的又一显著特点。

四、实验设备及材料

实验所用的设备和材料如下。

（一）设备

60kN 材料实验机。

（二）材料

拉伸模架 1 只、拉伸模 1 套、光滑圆柱形低碳钢拉伸试样若干个、游标卡尺和钢尺各 1 把。

五、实验内容及步骤

按照实验内容和步骤进行操作，具体如下：

（1）试样准备。

先将低碳钢圆棒样表面用砂纸打光；测量断面尺寸，按 10 天确定标距长度；并将标距长度分成 10 等分；用铅笔画上标记点。

（2）实验过程。

在 60kN 材料实验机上将上述试样进行静态拉伸实验，并记录拉伸载荷曲线上有关载荷和延伸量等数据，见表 1-1，观察屈服现象；屈服后继续拉伸到一定塑性变形量，然后卸载到载荷为零，记录相应的载荷与尺寸。接着重新加载进行拉伸，使之再次发生塑性变形，观察应变硬化现象，并记录下相应的载荷与尺寸，最后拉断。实验过程的安排可参照图 1-1 进行。

表 1-1　实验数据

项　目	屈服点	第一次卸载	第一次重新屈服	第二次卸载	第二次重新屈服	最大载荷	断裂时
载荷 F/N							
应力 σ/MPa							
长度 η/mm							
长度变化 $\Delta\eta$/mm							
伸长应变 ε/%							

（3）测量断口尺寸。

取下试样，测量拉断后的尺寸。如断口不在试样中部，应参照标距与等分线进行必要的修正才可计算出最大延伸量。

六、实验报告要求

实验后每个人都必须书写实验报告，报告要求写明实验名称，主要内容包括：

（1）实验目的。

（2）实验内容：实验设备型号及有关参数、试样材质及基本尺寸、实验内容及主要步骤。

（3）实验结果与分析：

1）拉伸载荷曲线；

2）记录实验数据，将相关实验数据记入表1-1中；

3）分析数据：要求根据拉伸曲线与所记录数据，分析塑性变形的各种现象，分析时应善于观察、勤于思考，发挥自己的主观能动性。

（4）结论：根据上述结果与分析，可以知道金属变形有哪3个阶段，金属塑性变形有哪些基本特点。注意不要局限于实验原理中介绍的几点。

（5）实验报告书写报告人班次、学号及实验报告的日期。

考虑到后继课程还有专门的硬化曲线（即真实应力应变曲线实验），为简便起见，本实验的应力 σ 可采用条件应力，即 $\sigma = P/F_0$，F_0 为试样的原始断面积。

实验二　金属薄板拉伸试验

一、专业知识

拉伸试验是指在承受轴向拉伸载荷下测定材料特性的试验方法。利用拉伸试验可以确定材料的弹性极限、伸长率、弹性模量、比例极限、面积缩减量、拉伸强度、屈服点、屈服强度和其他拉伸性能指标。拉伸试验中常用物理量的一般定义为：

（1）试样平行长度是指试样头部两端之间的平行长度。

（2）试样标距是指拉伸试验过程任一时刻，用以测量试样伸长的那一部分长度。

（3）负荷是指拉伸试样过程中试样承受的轴向拉力。

（4）最大负荷是指拉伸试验过程试样所能承受的最大负荷。

（5）应力是指拉伸试验过程中任一时刻，负荷除以试样原始横截面面积所得到的值。

二、实验目的

通过拉伸试验确定金属薄板的力学性能，如屈服应力 σ_s、抗拉强度 σ_b、屈强比 σ_s/σ_b，均匀伸长率 δ_u、总伸长率 δ_k、应变硬化指数 n、塑性应变比 γ 及 $\bar{\gamma}$ 、凸耳参数 $\Delta\gamma$，并绘制硬化曲线。

三、实验原理

在规定的试验温度与拉伸速度下，通过对金属薄片试样的纵轴方向施加拉伸载荷，使试样产生形变直至材料破坏。记录下试样破坏时的最大负荷和对应的标线间距离的变化情况。在带微机处理器的电子拉力机上，只要输入试样的规格尺寸等有关数据和要求，在拉伸过程中，传感器把力值传给电脑，电脑通过处理，自动记录下应力-应变全过程的数据，并把应力-应变曲线和各测试数据通过打印机打印出来。

四、实验设备及材料

实验所用的设备和材料包括拉伸实验机、千分尺、游标卡尺、直尺等。

五、实验内容及步骤

将试样夹紧在实验机的夹头内，调整好测力刻度和载荷——伸长曲线记录装置。夹头的移动速度应在0.5～20mm/min范围内，并应保持加载速度恒定。

记录产生屈服时的载荷 F_s 和最大载荷 F_{max}，并根据载荷——伸长曲线，进行数据处理后，便可确定板材的 σ_s、σ_b、σ_s/σ_b、δ_u、δ_k。具体实验内容和步骤如下。

（一）确定板材的 σ_s、σ_b、σ_s/σ_b、δ_u、δ_k 值

σ_s、σ_b 及 σ_s/σ_b 由下式确定：

$$\sigma_s = \frac{F_0}{A_0}$$

$$\sigma_{0.2} = \frac{F_{0.2}}{A_0}\ (\text{N/mm}^2,\ \text{MPa})$$

$$\sigma_b = \frac{F_{max}}{A_0}\ (\text{N/mm}^2,\ \text{MPa})$$

式中　F_0——屈服时的载荷，N；

$F_{0.2}$——相对伸长为0.2时的载荷，N；

F_{max}——拉伸最大载荷，N；

A_0——试样原始横截面积，mm^2。

δ_u 及 δ_k 由下式确定：

$$\sigma_u = \frac{L_u - L_0}{L_0} \times 100\%$$

$$\sigma_k = \frac{L_k - L_0}{L_0} \times 100\%$$

式中　L_0——试样原始标距长度，mm；

L_u——试样产生细颈时的标距长度，mm；

L_k——试样断裂时的标距长度，mm。

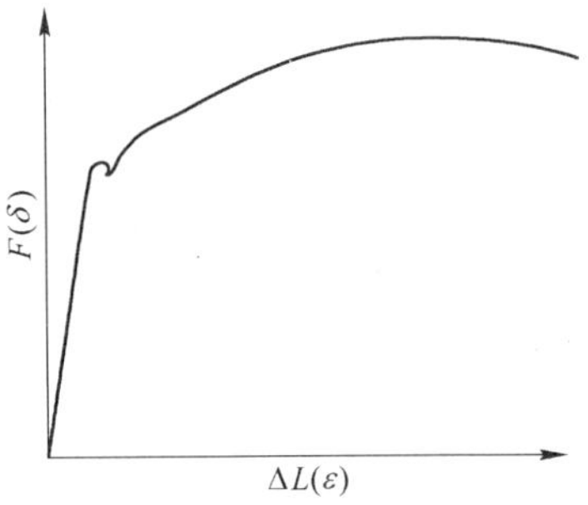

图1-2　拉伸 $F-\Delta L$（$\sigma-\varepsilon$）曲线

（二）绘制加工硬化曲线

对试验得到的拉伸曲线（见图1-2）进行坐标变换。

横坐标变换为对数应变，见式1-1：

$$\epsilon = \ln\frac{L}{L_0} = \ln\frac{L_0 + \Delta L}{L_0} = \ln(1+\varepsilon) \tag{1-1}$$

纵坐标变换为真实应力，见式1-2：

$$S = \frac{F}{A} = \frac{F}{A_0}(1+\varepsilon) = \sigma_0(1+\varepsilon) \tag{1-2}$$

式中 ϵ——对数应变（真实应变）；

ε——相对应变，$\varepsilon = \Delta L/L_0$；

ΔL——试样标距的伸长，mm；

S——真实应力，N/mm^2；

σ_0——名义应力，N/mm^2。

绘制方法如下：在拉伸曲线的横坐标取若干个 ΔL，再找到相应的载荷 F 值，根据式1-1和式1-2计算出相应的 S 和 ϵ 值，即可绘制出产生细颈前的均匀拉伸阶段的加工硬化曲线。

（三）求硬化指数 n 值

多数金属材料的真实应力——真实应变关系为幂指数函数形式，见式 1-3：

$$S = B\epsilon^n \tag{1-3}$$

式中　S——真实应力，N/mm²；

ϵ——真实应变；

B——与材料有关的系数，N/mm²；

n——应变硬化指数。

将式 1-3 两边取对数，可以得到式 1-4。

$$\lg S = \lg B + n\lg\epsilon \tag{1-4}$$

根据硬化曲线，用线性回归方法便可计算其斜率，即 n 值。

下面介绍一种确定 n 值的简便方法。在拉伸曲线上取两点（F_1，ΔL_1）和（F_2，ΔL_2），按式 1-1 和式 1-2 换算得（S_1，ϵ_1）和（S_2，ϵ_2），分别代入到式 1-4 中，消去 $\lg B$ 项，便得式 1-5：

$$n = \frac{\lg \dfrac{S_2}{S_1}}{\lg \dfrac{\epsilon_2}{\epsilon_1}} \tag{1-5}$$

（四）确定塑性应变比 γ 及凸耳参数

塑性应变比 γ 亦称厚向异性指数，用板料单向拉伸试样的宽度应变和厚度应变的比值表示。

将试样夹紧在试验机的夹头内，当试样伸长到约 20%，注意应在屈服之后，产生细颈之前时停止加载，卸下试样。用千分尺测得试样变形后的宽度 b 及厚度 t。代入式 1-6 中便可求得 γ 值：

$$\gamma = \frac{\varepsilon_b}{\varepsilon_a} = \frac{\ln \dfrac{b}{b_0}}{\ln \dfrac{t}{t_0}} \tag{1-6}$$

$$\varepsilon_b = \ln \frac{b}{b_0}$$

$$\varepsilon_a = \ln \frac{t}{t_0}$$

式中　ε_b——试样的宽度应变；

ε_a——试样的厚向应变；

b_0，t_0——试样的原始宽度与厚度，mm；

b，t——变形后试样的宽度与厚度，mm。

由于在不同方向上不同的 γ 值，一般按式（1-7）计算平均塑性应变比 $\bar{\gamma}$：

$$\bar{\gamma} = \frac{1}{4}(\gamma_0 + 2\gamma_{45} + \gamma_{90}) \tag{1-7}$$

凸耳参数又称塑性平面各向异性指数，表示板料平面内的塑性各向异性，用 $\Delta\gamma$ 表示，可按式 1-8 计算：

$$\Delta\gamma = \frac{1}{2}(\gamma_0 + \gamma_{90}) - \gamma_{45} \tag{1-8}$$

式 1-7、式 1-8 中 0、45、90 表示在板表面内与轧制方向分别 0°、45°和 90°的试样。

根据体积不变条件，式 1-6 中的 ε_t 也可由式 1-9 确定：

$$\varepsilon_t = -(\varepsilon_1 + \varepsilon_b) \tag{1-9}$$

式中 ε_1——试样标距长度应变。

本试验中，测量试样的原始宽度 b_0 时，允许测量偏差为 ±0.01mm。以同样的方式和精度测量变形后的试样宽度 b_1 和标距长度 L_1。

若拉伸变形后，在宽度方向发生明显弯曲（见图 1-3），当凸度 $h > 0.3$mm 时，应按下式修正测得的宽度：

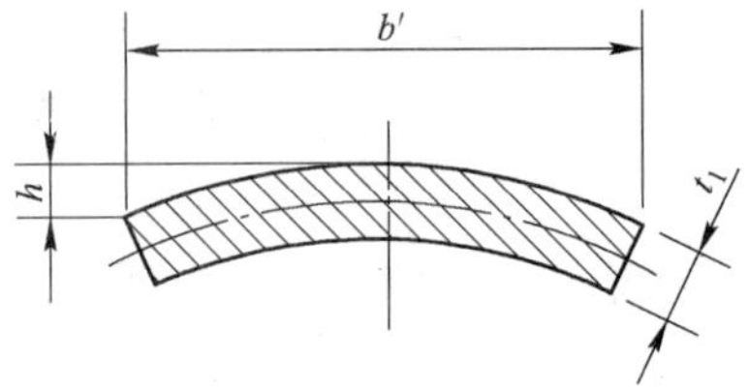

图 1-3 拉伸变形后试样形状

$$b_1 = \left(h + \frac{b'^2}{4h} - t_1\right)\arcsin\frac{4b'h}{b'^2 + 4h^2} \tag{1-10}$$

六、实验报告要求

实验后每个人都必须书写实验报告，报告要求写明实验名称，主要内容包括：

（1）实验目的。

（2）熟练掌握试验用的设备：实验设备型号及有关参数。

（3）记录数据：记录试样条件、试样材料、形状及尺寸，记录拉伸后试样的尺寸。

（4）制作曲线：给出拉伸曲线图，即 $F-\Delta L$ 曲线（或 $\sigma-\varepsilon$ 曲线），绘制硬化曲线。

（5）计算材料性能：按公式计算出材料的性能：σ_s、σ_b、σ_s/σ_b、δ_u、δ_k、n、γ、$\bar{\gamma}$ 及 $\Delta\gamma$。

实验三　外摩擦对接触表面上金属质点流动及压力分布的影响

一、专业知识

金属塑性加工中，在工具与工件的接触面上，不可避免地会发生相对滑动或有相对滑动趋势，因此，在接触面上就会存在阻碍这种滑动的摩擦，这种发生在金属工具与工件相接触表面之间的、阻碍金属自由流动的摩擦，称为外摩擦。

与一般机械摩擦相比较，塑性加工过程中外摩擦的特性有：

（1）接触表面所受压强大，热变形时有 100 ~ 150MPa，冷变形可达 500 ~ 2500MPa。因为压强大，接触表面被压扁，凸牙凹坑的相互咬合程度高，故摩擦系数较大。另外，大压强也容易将润滑剂挤走或压成极薄一层，这就使得金属塑性加工中，为减少摩擦而使用的润滑剂具有一定的特殊性。

（2）表面有更新作用。金属产生塑性变形而表面不断扩大，致使内表面不断涌出。这种在变形过程中时刻形成的新表面及旧表面不断遭受破坏，使金属塑性加工过程中的摩擦情况是不断变化的。另外，工具在加工过程中也不断遭受磨损，促使工具表面情况在使用过程中不断发生变化，这将直接影响摩擦情况的改变。

（3）表面组织是变化的。热变形时金属被加热到很高的温度，其表面被氧化而生成氧化层，塑性变形时此氧化层因表面扩大而脱落，由于温度高且露置于空气中又要生成新的氧化物。原生氧化物与次生氧化物的形成条件不同，结构组织也不同。另外，冷变形时，晶粒的破碎、点阵的歪扭，也引起表面层附近金属组织状态的改变。由于表面组织的改变，即使加工时摩擦情况不断变化着，也使加工时的外摩擦不仅是个表面问题，而且与表面层附近金属晶体结构与状态相关。

（4）摩擦对的性质相差较大。工具的硬度高，相对而言被加工金属柔软得多，两者性质相差悬殊。

（5）接触表面温度高。热变形过程中，有时温度可高达上千度，低的也有数百度，即使是冷变形，因瞬时变形也可造成温度的急剧提高。例如，曾测出在润滑不佳时，接触表面某个凸凹点因塑性变形、切断而造成的瞬时温升的典型数值是：当速度为 3m/s 时是 300℃；当速度为 10m/s 时是 1000℃。虽说一般情况下速度较低，没有上述那样高的瞬时温升，但因温度的变化太剧烈，也使摩擦情况受到影响，故应对此种温升的作用给予足够的重视。

接触摩擦对塑性加工过程有着很大的影响。除少数情况（如轧制、辊锻、模锻时的飞边）能起积极作用外，大多数情况下是有害因素：

（1）接触摩擦引起不均匀变形。例如坯料镦粗时，在坯料与工具接触的上下端面附近造成难变形区，结果使变形体分为变形程度不同的几个区域。由于变形的不均匀，不仅最后使工件得到不均匀的组织和性能，而且会引起附加应力；当附加拉应力严重时会使工件开裂。

（2）接触摩擦会使变形体的应力状态发生改变。例如，无摩擦镦粗是单向压应力状态，而有摩擦镦粗却是三向压应力状态。因而，接触摩擦增大了变形力和变形功，增加能耗。

（3）接触摩擦降低了工具寿命。这是由于工具接触表面的直接磨损，附加发热及变形力引起的应力增大所造成的。

为了减轻接触摩擦引起的种种有害作用，迫使人们采取润滑，即在工具和变形金属的接触面涂上润滑剂。这样，就使金属塑性加工技术复杂化。

随着金属塑性加工技术的发展，尤其是一些新工艺、新材料的出现，摩擦与润滑问题显得日益重要。要求人们去解决更加苛刻条件下的摩擦和润滑问题。

二、实验目的

通过带凹槽的钢锤头压缩圆柱体铅试样，了解接触表面摩擦对接触面上金属质点流动及接触面上应力分布的影响，为深入了解变形体的应力应变状况打下实验基础。

三、实验原理

圆柱体试样（$h/d>1$）平锤压缩时，在压缩力 P 的作用下，工件受到压缩而使高度减少，横截面积增加，由于接触面附近的金属变形时流动困难，而使圆柱体工件变成鼓形，如图 1-4 所示。

图 1-4 中 d_0 为坯料的原始直径，d_{min} 为变形后接触表面的直径，接触表面直径增大，不仅是由于接触表面上质点的移动，而且由于金属从侧面局部的转移到接触表面的结果，这点可由压缩端部涂色的圆柱体试样，变形后看到的圆柱体端部接触表面上出现新外环而得到证实。

图 1-4 中 AC 环为滑动（本节的命名是按变形流动规律划分的，与本书后面将要讲到的按摩擦规律划分有差别，下同），在此区内，金属质点与工具间有相对移动，变形后接触表面增加量 BD 环由两部分组成，BC 环为滑动区内金属质点移动构成，CD 环依靠侧面金属局部转移到接触表面所构成。图 1-4 中 OA 的圆面积部分分为黏着区，由于外摩擦影响强烈，在此区域内接触表面上的金属质点对工具完全不产生相对移动，好像彼此黏在一起，故称为黏着区，实际上在此区域内接触表面附近的金属由于受到很大的外摩擦阻力而不发生塑性变形（或变形很小可以忽略），并且这种影响还扩展至一定深度，构成所谓“难变形区”，由于外摩擦的影响是沿径向（或宽度方向），由侧面向中心逐渐增强，沿高度由端面向中心逐渐减弱，所以通常想象变形区的形状为以黏着区为基底的圆锥形（如图 1-5 中的Ⅰ区），在此情况下可将变形区整个体积大致分为 3 个区域：Ⅰ区表示外摩擦影响强烈的难变形区，Ⅱ区表示与作用力成 45°角的最有利变形的易变形区，Ⅲ区表示变形程度处于中间状态的自由变形区。

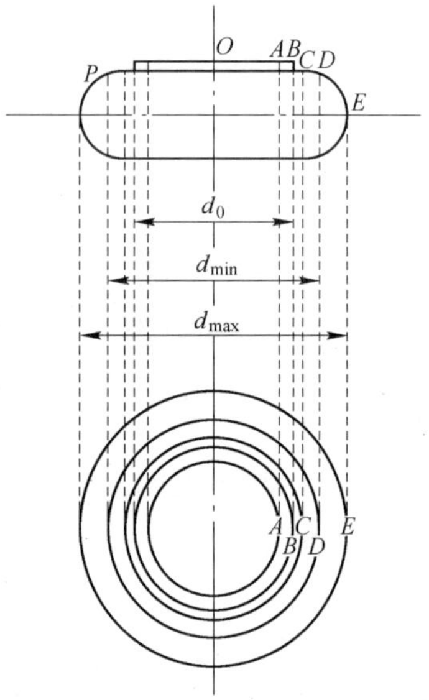

图 1-4 接触的黏着滑动及侧面局部载移情况

由于外摩擦的影响，不仅使变形不均匀，而且也使接触表面的应力（或单位压力）分布不均匀（如图 1-5 下部曲线所示）；沿试样边缘，由于不受外摩擦的影响，所以其应力等于金属的屈服强度 σ_s，由边缘向中心部位，应力逐渐升高，可通过带有凹槽的钢锤头压缩铅试样的实验得以证实（见图 1-5、图 1-6）。

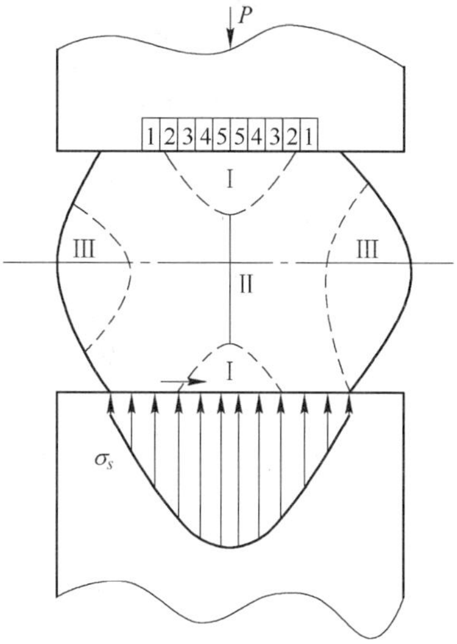

图 1-5　平锤压缩接触摩擦时变形及应力分布的影响

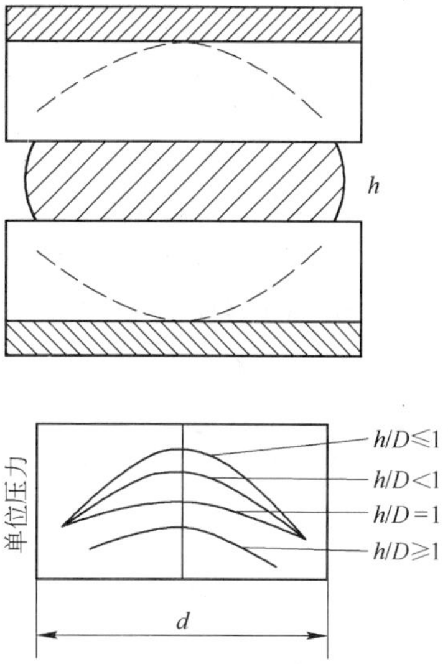

图 1-6　平锤压缩时单位压力分布图

接触表面上的应力之所以呈现以上的分布规律，解释如下：如图 1-5 所示，当外层 1 受到压力后，一面变形，一面向外移动，由于摩擦力的影响，使其移动受到阻碍，因而使外层 1 对第 2 层产生了横向阻力，2 层所需压力量要比第 1 层增加，因为除了第 2 层变形的压力外，还需要克服第 1 层给第 2 层的横向阻力；第 3 层处于更不利的情况：因为要使其变形，必须克服第 1 层和第 2 层应力状态的不同，可用 Tresca 屈服条件来解释，可由同学们自己分析。

四、实验设备及材料

实验所涉及的设备和材料如下：

（1）设备：60kN 材料实验机。

（2）材料：压缩实验模具 1 套、圆柱体铅试样若干个、游标卡尺和钢尺各 1 把、机油、松香粉及清洗锭坯和工具用汽油。

五、实验内容及步骤

按照实验内容和步骤进行操作，具体如下：

（1）压缩试样：在 60kN 材料实验机上，用带凹槽的钢锤头，压缩两个高径比相同的圆柱体铅试样，一个试样的接触表面上涂上润滑剂（如机油），另一个试样的接触表面上涂上松香粉，压缩率均取 70% ~75% 左右。

（2）测量数据：实验前测量试样的高度和直径，实验时记录下最大压缩力。实验后，沿试样接触径向上，再选择 4 ~5 个测量点，用游标卡尺测量铅流入凹槽的深度值并绘制成曲线，测量黏着区、滑动区和侧翻区的有关直径值。

六、实验报告要求

实验后，每位同学必须书写实验报告，报告要写明实验名称，主要内容应包括：

（1）实验目的。

（2）实验过程：实验设备型号及有关参数，试样材质及原始尺寸，压缩后的尺寸并计算压缩率。

（3）实验结果及解释。

1）将实验结果列于表1-2和表1-3中，并绘制出曲线或图形（分区示意图）。

2）对上述现象简明的解释。

（4）结论：制出摩擦力对接触面上金属质点流动（黏着、滑动、侧翻三区的大小）和变形力大小及应力分布的影响情况。

（5）写明报告人（班次）、姓名及书写报告日期。

表1-2 圆柱体工件实验数据1

项　目	原始高度 H/mm	原始直径 d_0/mm	压缩后高度 h/mm	压缩率 ε/%	最大直径 d_{max}/mm	最小直径 d_{min}/mm	滑动区直径 d_c/mm
涂机油							
涂松香粉							

表1-3 圆柱体工件实验数据2

原始直径 d_0	黏着区直径 d_A/mm	最大压缩力 P_{max}/kg	高度1 h_1/mm	高度2 h_2/mm	高度3 h_3/mm	高度4 h_4/mm	高度5 h_5/mm	高度差 h_5-h_1/mm

实验四　硬化曲线实验

一、专业知识

加工硬化又称为应变硬化，一般来说金属经冷变形后，其强度、硬度均增加、塑性则降低，是材料重要力学行为之一，具有较大的实际意义。冷变形时，金属的变形抗力随所承受的变形程度的增加而增大。描述变形抗力与变形程度之间关系的曲线，称之为硬化曲线。

无论单晶体还是多晶体，其应变硬化行为都可以用硬化曲线来表示。只是单晶体和多晶体硬化曲线的含义有本质区别。对于单晶体，流变应力指作用在滑移面上，沿着滑移方向的剪切应力 τ，而应变是剪切应变 γ，所以单晶体的硬化曲线就是 $\tau-\gamma$ 曲线。对于多晶体的应变是在主流动方向（主要变形方向）的变形量，流变应力是引起这个应变的应力，例如，多晶体在拉伸时的硬化曲线就是拉应力 σ 和拉应变 ε 的关系曲线，及常见的 $\sigma-\varepsilon$ 拉伸曲线。图 1-7 为低层错能的 fcc 单晶体（如 Cu、Ag、Au）的典型加工硬化曲线。

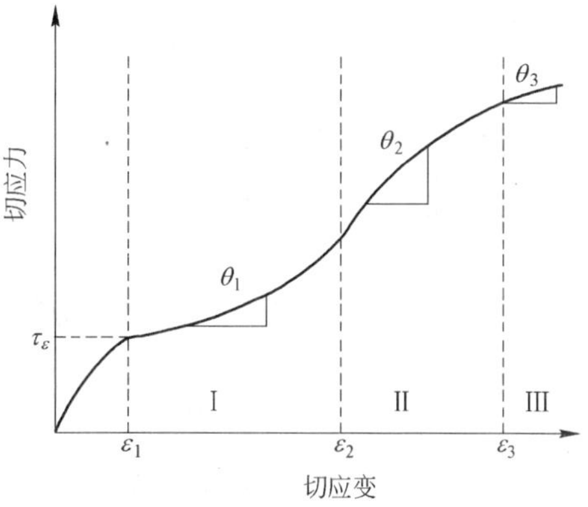

图 1-7　低层错能 fcc 单晶体的典型加工硬化曲线

如图 1-7 所示，曲线明显可分为 3 个阶段：

（1）易滑移阶段。发生单滑移，位错移动和增殖所遇到的阻力很小，θ_1 很低，约为 $10^{-4}G$ 数量级（G 表示材料的切变模量）。

（2）线性硬化阶段。发生多系滑移，位错运动困难，θ_2 远大于 θ_1，约为 $G/100 \sim G/300$，并接近于一常数。

（3）抛物线硬化阶段。与位错的多滑移过程有关，θ_3 随应变增加而降低，应力应变曲线变为抛物线。

二、实验目的

硬化曲线可用拉伸、扭转或压缩的方法来确定。其中应用较广者为拉伸方法。本实验目的是熟悉静力拉伸方法与按拉伸图，制作第 2 类硬化曲线的实验过程。

三、实验原理

硬化曲线的纵坐标为真实应力 σ，横坐标为变形程度。由于变形程度的表现方式不同，硬化曲线可以有多种形式；常用的有 3 种，如图 1-8 所示，第 1 种 $\sigma-\delta$ 曲线，是真应力与伸长率的关系曲线；第 2 种 $\sigma-\psi$ 曲线，是真应力与断面收缩率的关系曲线；第 3 种 $\sigma-\varepsilon$ 曲线，是真应力与真应变的关系曲线。这 3 种曲线，第 2 种在实际中应用较多。

第2种曲线的横坐标 ψ 值的变化范围在0～1之间，可直观地看出变形程度的大小。应用对数变形（真应变）为横坐标的第3类曲线，虽然最为精确，其变形程度又有可加性。但制作曲线时，计算上较麻烦，使用也不方便，只有要求很高时才有必要，因此这类情形很少见。本实验着重绘制第2类曲线。

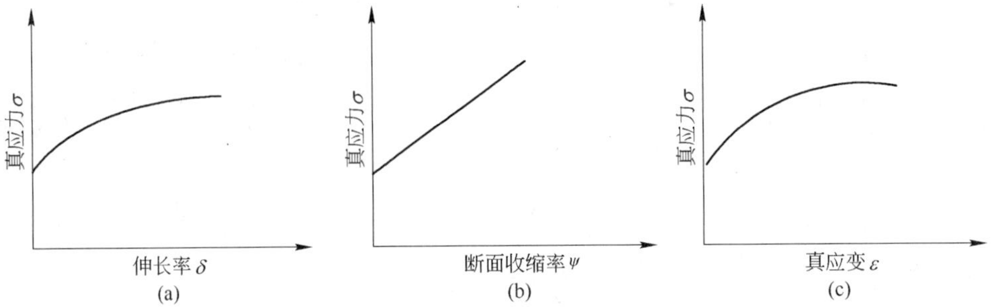

图1-8　硬化曲线

（a）第一类硬化曲线；（b）第二类硬化曲线；（c）第三类硬化曲线

为绘制真应力曲线，必须根据拉伸试验的结果先制出拉力 P 与绝对延伸 ΔL 的拉伸图（见图1-9），然后经过计算再求出真应力 σ 和所对应的断面收缩率。

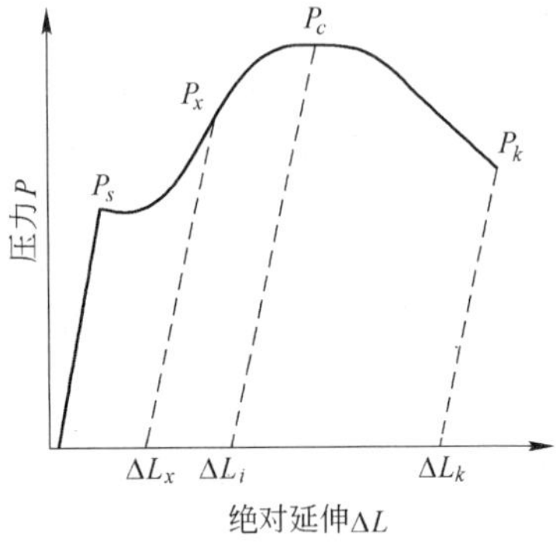

图1-9　拉伸图

真应力的计算如下：

$$\sigma = P/F_x$$

式中　P——对应绝对延伸 ΔL 的载荷，N；

F_x——对应绝对延伸 ΔL 的试样断口面积，mm。

根据体积不变条件，可以得到下式：

$$F_0 L_0 = L_0 + \Delta L$$

式中　F_0——试件原始断面积，mm；

L_0——试件的原始长度，mm。

$$F_x = \frac{F_0}{1 + \dfrac{\Delta L}{L_0}} = \frac{F_0}{1 + \sigma}$$

$$\sigma = \frac{\Delta L}{L}$$

由此，真应力的计算见式1-11：

$$\sigma = \frac{P}{F_x} = \frac{P}{F_0}(1 + \delta) \tag{1-11}$$

试件的断面收缩率可由式1-12计算：

$$\psi = \frac{F_0 - F_x}{F_0}$$

则

$$\psi = 1 - \frac{F_x}{F_0} = 1 - \frac{F_0}{(1 + \delta)F_0} = \frac{\delta}{1 + \delta} \tag{1-12}$$

由式1-11、式1-12分别求出应力和断面收缩率。

当出现细颈以后，因为变形集中发生在计算长度的个别部位，而且每瞬间参加变形的体积又时刻在变化着，故集中变形阶段无法计算。为了得出完整曲线（从 C 到 K），可先由式 1-13 计算出在拉断点处的拉断应力 σ_k。

$$\sigma_k = \frac{P_k}{F_k} \tag{1-13}$$

式中　P_k——试样拉断时的载荷，N；

F_k——试样拉断口处的端面积，mm^2。

然后再按式 1-14 计算出试样拉断时的断面收缩率：

$$\psi_k = \frac{F_0 - F_x}{F_0} \tag{1-14}$$

将所求出的断裂点 σ_k、ψ_k 标在真应力曲线图上，用平浮雕曲线与细颈应力点相连，可得出图 1-10 的图形。

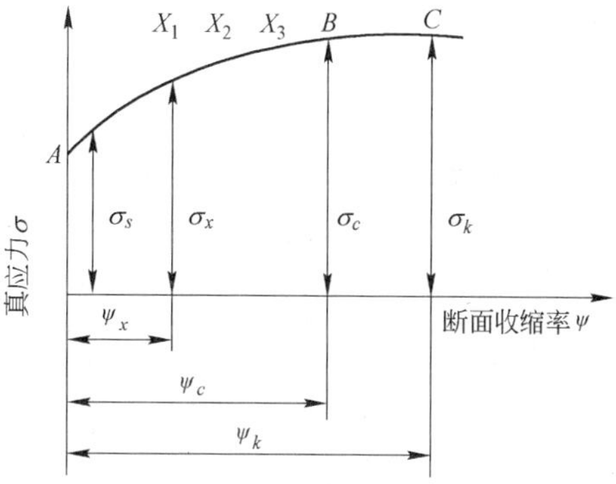

图 1-10　真应力曲线（硬化曲线）

四、实验设备及材料

实验所用的设备和材料如下：

（1）设备：60kN 材料实验机。

（2）材料：拉伸模架 1 只、拉伸模 1 套、光滑圆柱形低碳钢拉伸试样若干个、游标卡尺、钢尺各 1 把。

五、实验内容及步骤

按照实验内容和步骤进行操作，具体如下：

（1）准备试样：选取拉伸试件并测定其尺寸。

（2）制备试样：根据试件最基本尺寸确定计算长度并用铅笔在试样上做好标志。

（3）用画线机或手工将试件计算长度分为 10 份（不可损伤试件）。

（4）准备拉伸用夹头，调试并装好记录仪器。

（5）安装好试件，准静态拉伸并及时记下屈服、最大及拉断时负荷。

（6）取下试件并精确地测量所需的各个尺寸。

（7）取下拉伸图，将纵横坐标值标出。

（8）根据测定数据即拉伸图进行必要的计算。

（9）将数据整理并作曲线。

（10）对实验结果进行分析、讨论。

（11）编写实验报告。

六、实验报告要求

实验后每个人都必须书写实验报告，报告要求写明实验名称，主要内容包括：

（一）实验目的

（二）实验内容

实验设备型号及有关参数；试样材质及基本尺寸；实验内容及主要步骤。

（三）数据分析

实验结果，将数据记录到表1-4和表1-5中，并分析。

表1-4 实验原始数据表

试件号	金属及状态	实验条件	实验前尺寸			实验后尺寸			
			直径 d_0 /mm	面积 F_0 /mm	长度 L_0 /mm	直径 $d_{细}$ /mm	细颈面积 $F_{细}$① /mm	断口面积 $F_{断}$② /mm	长度 $L_{断}$③ /mm

①试件出现细颈前的断面积，由细颈范围之外的试件断面积尺寸确定。通常是测定三处的断面尺寸，取其平均值。
②试件断裂后的最小面积，将断口对接好后进行测量。
③试件断裂后的长度，将断口对接好后进行测量，若断口不在试件长度的中间位置（即≤$1/3L_0$时），则用移位法将断口移动至中间位进行测量。测量步骤为：如图1-11所示，在长度上从拉断处D点取基本等于短段格数，得B点。接着取等于长度所余格数的一半得C，移位后的$L_{断}$为$AB+2BC$，即$L_{断}=L_1+2L_2$，即测量断后标距的量具有的最小刻度值应不小于0.1mm。

表1-5 计算数据表

直径 d_0 /mm	载荷 P_s /N	面积 F_0 /mm^2	拉应力 σ_s /N	载荷 P_x /N	绝对延伸 ΔL_x /mm	拉应力 σ_x /N	面积 F_x /mm^2	断面收缩率 ψ_x /%	载荷 P_c /N	面积 $F_{细}$ /mm^2	断面收缩率 $\psi_{细}$ /%	载荷 P_k /N	面积 F_k /mm^2	断面收缩率 ψ_k /%

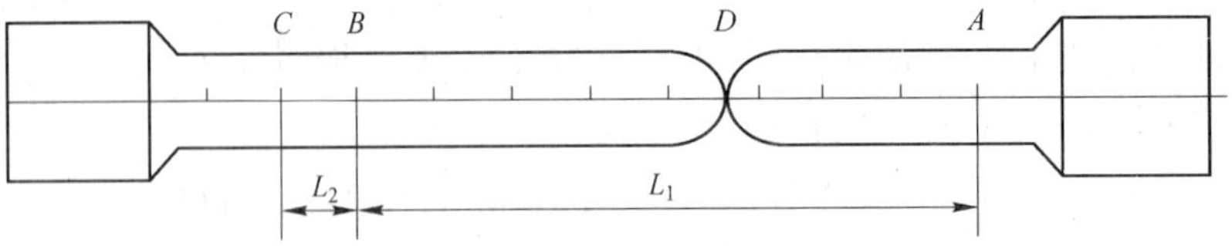

图1-11 试样断后测量示意图

实验五 常摩擦系数的测定方法

一、专业知识

外摩擦是金属塑性变形加工过程中的一个重要因素，而常摩擦系数的大小对于计算变形力，分析变形及应力分布情况是不可缺少的数据。但是影响它的因素很多，而且许多因素在塑性加工过程中又是不断变化的，故至今尚无准确测定常摩擦系数的有效方法。

首先对影响常摩擦系数的因素作一定的了解：

(1) 金属的种类和化学成分。金属的种类和化学成分对摩擦系数有很大的影响。因为不同种类的金属，其表面硬度、强度、氧化膜的性质以及与工具之间的相互结合力等特性各不相同，所以摩擦系数也不相同。即使是同一种金属，当其化学成分不同时，摩擦系数也不同。一般说，材料的强度、硬度越高，摩擦系数越小。

(2) 工具的表面粗糙度。一般而言，工具表面越粗糙，变形金属的接触表面被刮削的现象越严重，摩擦系数也就越大。工具表面加工刀痕的影响也很大，沿着工具的刀痕方向摩擦力小，垂直刀痕方向，摩擦力就大，称为摩擦的各向异性。工具表面加工的刀痕越粗，摩擦的各向异性越明显。至于坯料表面的粗糙度对摩擦系数的影响，一般认为只有在变形初期有影响，随着变形的进行，坯料表面的凹凸形状逐渐被压平，原始状态的影响就不明显了。

(3) 接触面上的单位压力。接触面上单位压力对表面摩擦也有影响。单位压力较小时，表面分子吸附作用小，摩擦系数基本保持不变，和正压力无关。当单位压力达到一定值后，接触表面的氧化膜被破坏，润滑剂被挤掉，坯料和工具接触面间分子吸附作用越益明显，摩擦系数是随单位压力的增大而增大的。但增大到一定程度，也就稳定了。

(4) 变形温度。一般认为在室温下变形，金属坯料的强度硬度较大，氧化膜薄，摩擦系数最小。随着温度升高，金属坯料的强度降低，氧化膜增厚，表面吸附力、原子扩散能力加强；同时高温使润滑剂变坏，所以，摩擦系数增大。到某一温度，摩擦系数达到最大值。此后，温度继续升高，由于氧化皮软化和脱落，氧化皮在接触面间起润滑剂的作用，摩擦系数就下降了。

(5) 变形速度。由于变形速度增大，使接触面相对运动速度增大，摩擦系数便降低。干摩擦时，由于变形速度的增大，接触表面凹凸形状来不及彼此陷入，同时由于摩擦面上产生的热效应，真实接触面上形成“热点”，而使该处金属变软导致摩擦系数降低。边界润滑时，由于变形速度的增大，润滑膜厚度增大，使摩擦系数下降。

此外，载荷的特性也对摩擦系数有明显的影响。例如，在振动载荷下，试件镦粗的变形力有时降低 1.5 ~2 倍，不均匀变形减少。这些都证明了摩擦系数大大降低。

对于金属塑性加工中力的计算来说，摩擦系数是重要的数据之一。摩擦系数的大小不仅与摩擦物的性质、状态有关，又易受变形过程条件的影响，并与变形的发展有更密切的联系。另外，对于一个表面来说，它的各处又是极不一致的，因此只能按平均数值来确定。在选用具体的摩擦系数时，应取那些与所研究情况最接近的数据。测定常摩擦系数的方法有：直接测定法（钳型仪器法、测压器法）、间接测定法（锥形锤头法、楔形件压缩法）、间接推算法。

二、实验目的

通过楔形锤头法，确定在不同润滑条件下，压缩铅试件时的摩擦系数；同时定性了解接触表面状态对摩擦系数的影响。

三、实验原理

在倾斜的平锤头间塑压楔形试件，可根据试件变形情况来确定摩擦系数。如图 1-12 所示，试件受塑压时，水平方向的尺寸要扩大。按照金属流动规律，接触表面金属质点要沿着流动阻力最小的方向流动，在水平方向的中间，一定有一个金属质点在两个方向流动的分界面—中立面上，那么根据图 1-12 建立力的平衡方程式，可得出：

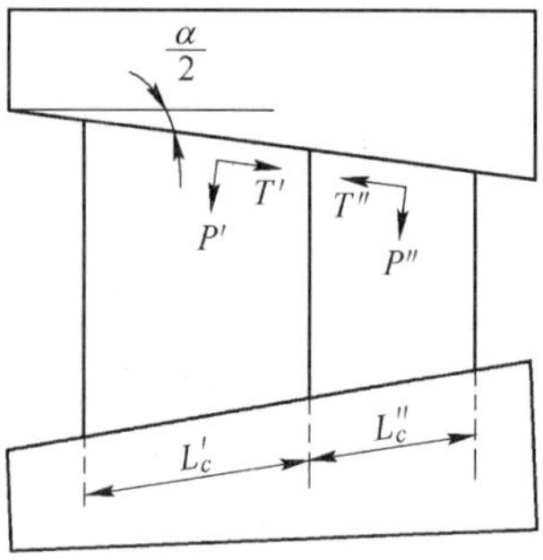

图 1-12 斜锤间塑压楔形件

$$P'_x + P''_x + T''_x = T'_x \tag{1-15}$$

设锤头倾角为 $\frac{\alpha}{2}$，试件的宽度为 b，平均单位压力为 P，那么

$$P'_x = PbL'_c\sin\frac{\alpha}{2} \tag{1-16}$$

$$P''_x = PbL''_c\sin\frac{\alpha}{2} \tag{1-17}$$

$$T'_x = \mu PbL'_c\cos\frac{\alpha}{2} \tag{1-18}$$

$$T''_x = \mu PbL''_c\cos\frac{\alpha}{2} \tag{1-19}$$

将这些数值代入式 1-15 并化简后，得式 1-20：

$$L'_c\sin\frac{\alpha}{2} + L''_c\sin\frac{\alpha}{2} + \mu L''_c\cos\frac{\alpha}{2} = \mu L'_c\cos\frac{\alpha}{2} \tag{1-20}$$

当 α 角很小时，$\sin\frac{\alpha}{2} \approx \frac{\alpha}{2}$，$\cos\frac{\alpha}{2} \approx 1$，可得：

$$\frac{L'_c\alpha}{2} + \frac{L''_c\alpha}{2} + \mu L''_c = \mu L'_c \tag{1-21}$$

由式 1-21 得：

$$\mu = \frac{(L'_c + L''_c)\frac{\alpha}{2}}{L'_c - L''_c} \tag{1-22}$$

当 α 角已知，并在实验后能测出 L'_c 及 L''_c 的长度，即可按式 1-22 算出摩擦系数。

此法的实质可以认为与轧制过程及一般的平锤下镦粗相似，故可用来确定这两种过程中的摩擦系数。此法应用较方便，主要困难是在于较难准确地确定中立面的位置及精确地测定有关数据。

四、实验设备及材料

实验所用的设备和材料如下：

（1）设备：60kN 材料实验机。

（2）材料：楔形压缩模具 1 副、楔形的铅试样若干个、游标卡尺和钢尺各 1 把、蓖麻油、肥皂水、机油、滑石粉、清洗锭坯和工具用汽油。

五、实验内容及步骤

取 2～3 个楔形的铅试件，将其由两边构成斜的表面，用砂纸擦光，并按相等间距画上一系列垂直的平行线，然后在斜锤间给予 20%～30% 的适当变形量。根据变形后试件长向上变形区流动的分界线。如图 1-12 所示，可测出各区的尺寸 L'_c 及 L''_c。

将其填入表 1-6 中，并按式 1-23 计算在不同摩擦情况下的摩擦系数 μ 值。

$$\mu = \frac{\dfrac{\alpha}{2}}{\dfrac{2L_c}{L'_c + L''_c}} - 1 \tag{1-23}$$

表 1-6　实验数据

试件材料		锤头倾角 $\alpha_2 = 5°42'$（$5°23'$）		
试件编号	接触表面润滑情况	变形后主要尺寸		摩擦系数 μ
		尺寸 1 L'_c/mm	尺寸 2 L''_c/mm	
1				
2				
3				

由于塑压时侧表面不可避免地要产生不均匀的凸出（在理想的条件下，当试样处于平面变形状态时，侧表面只有轻微的凸出，不至于会影响所测数据精度的扭歪）。精确测定 L'_c 及 L''_c 较为困难；另外，上下接触面的变形不可能完全一致，故可取上、下表面及中间 3 个尺寸的平均值。

另外，因工具的倾角 α 较小，上下表面的尺寸，可以不在斜线方向而在变形区的水平投影线上测量。

上述实验完成后，可将所得结果综合分析讨论并编写实验报告。

六、实验报告要求

实验后每个人都必须书写实验报告，报告要求写明实验名称，主要内容包括：

（1）实验目的。

（2）实验设备型号及有关参数，试样材质及基本尺寸，实验内容及主要步骤。

（3）实验结果与分析。

（4）将实验数据记录于表 1-6 中。

实验六　镦粗不均匀变形的研究

一、专业知识

镦粗是指在外载荷的作用下，使坯料的高度减小，直径（或横向尺寸）增大的塑性成形工序。它是金属塑性成形中最基本的变形方式之一，许多其他工序如拔长、冲孔、模锻、挤压以及轧制等等，都含有镦粗的成分。因此，研究镦粗的变形特点具有普遍意义。

坯料在两个平行的平砧间对坯料进行压缩，由于坯料与工具间接触面上的摩擦，镦粗后呈现鼓形，与摩擦系数、坯料的高径比和变形程度有关。

二、实验目的

以平面变形为例，用网格法研究金属镦粗时内部变形不均匀分布的情况。

三、实验原理

为研究镦粗时内部的变形情况，用铅做成尺寸为30mm×30mm×40mm的铅试件4块，合并成两组尺寸为30mm×30mm×80mm的试件，如图1-13（a）所示。在其相贴面上画上网格，放入模具镦粗后，打开，中心剖面上的网格发生了不同程度的变化，如图1-13（b）所示。按照网格变形程度的大小，将剖面划分为3个区域。

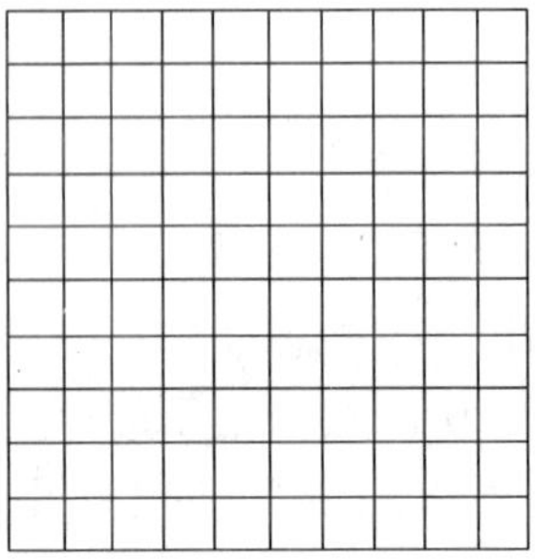

(a)

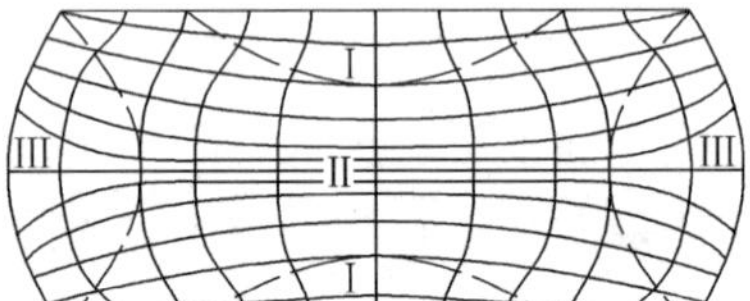

(b)

图1-13　变形前后试样网格的变化情况
（a）变形前的情况；（b）变形后的情况

区域Ⅰ为难变形区，这是和上下砧相接触的区域。由于表层金属受到很大的摩擦力作用，这个区域的每个质点都受到较强的三向压应力的作用，越接近试件表层中心，三向压应力的数值也就越大。且3个主应力值相差不大，故该区域的变形很小。在表层中心附近甚至不变形，所以也称为刚性区。区域Ⅱ是大变形区，这是处于上下两个难变形区之间（外圈除外）的部分，这部分受到接触摩擦力的影响较小，因而水平方向上受到的压应力也较小。由于难变形区的压挤作用，横向坐标网格上、下弯曲，纵向坐标网格向远离轴线的方向外凸，从而造成外侧呈鼓形。区域Ⅲ是小变形区。它的外侧是自由表面，受端面摩擦的影响较小，除了受到工具的轴向压缩外，大变形区金属的径向流动还会使该区金属产生附加周向拉应力。

四、实验设备及材料

实验所用的设备和材料如下：

（1）设备：60kN 材料实验机。

（2）工具：平面变形镦粗试验模、钢直尺、划针、千分尺等。

（3）试件：4 块尺寸为 30mm × 30mm × 40mm 的铅试件，合并成两组尺寸为 30mm × 30mm × 80mm 的试件。

五、实验内容及步骤

按照实验内容和步骤进行操作，具体如下：

（1）试样准备：在一块试件与另一块相紧贴的面上，用钢直尺和划针画上 3mm × 3mm 的坐标网格，如图 1-14 所示，用千分尺量出网格沿水平和垂直方向的实际尺寸 B_{io}、Z_{io}，将两块试件合并后放入镦粗试验模内，如图 1-15 所示。

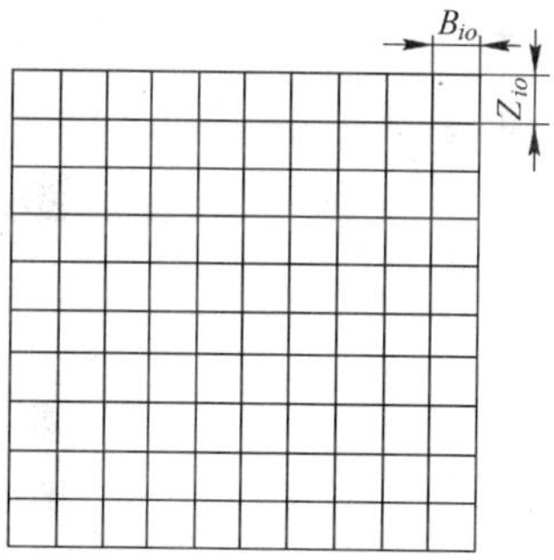

图 1-14　坐标网格

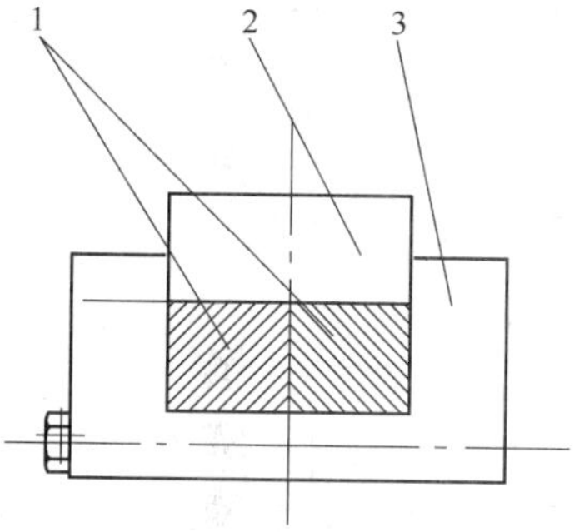

图 1-15　镦粗试验模

1—试件；2—压头；3—试件模

（2）实验过程：用洁净表面的压头进行镦粗，直至 ε = 50% 为止。

（3）测量断口尺寸：拆开模子取出试件，观察网格的变化情况，可以看出试件镦粗时变形不均匀分布，通常认为，网格的变形即代表网格所在点的变形，沿试件水平方向和垂直方向测量各网格的平均尺寸 B_i、Z_i，计算出各点沿水平方向和垂直方向的变形程度，即：

$$\varepsilon_B = \ln\frac{B_i}{B_{io}}, \varepsilon_Z = \ln\frac{Z_i}{Z_{io}}$$

此值可以近似认为等于相应点的主要变形。

（4）制作曲线图：画出试件镦粗后沿水平方向和垂直方向的变形分布曲线，并用纸印出镦粗后试件的网格开头形状。

（5）重复实验：再用另一组试件，在工具与试件之间加润滑剂，用同样变形程度进行镦粗，比较其变形情况与前者有何不同。

六、实验报告要求

实验后，每个人都必须书写实验报告，报告要求写明实验名称，主要内容包括：

(1) 实验目的。

(2) 实验内容：实验设备工具及其他；实验内容及步骤。

(3) 实验数据及分析：实验数据记录于表1-7中，除整理外还要画出镦粗试件沿水平方向和垂直方向的变形分布曲线，讨论镦粗不均匀变形的特点。

表 1-7 实验数据

网格序号	镦粗前网格尺寸/mm		镦粗后网格尺寸/mm		网格变形程度/%	
	网格宽 B_{io}	网格高 Z_{io}	网格宽 B_i	网格高 Z_i	水平变形率 $\varepsilon_B = \ln\frac{B_i}{B_{io}}$	垂直变形率 $\varepsilon_Z = \ln\frac{Z_i}{Z_{io}}$
1						
2						
3						
4						
5						
6						
7						
8						
9						
10						

实验七 圆柱体自由镦粗实验

一、专业知识

自由锻造即利用冲击力或压力使金属在上、下砧之间产生变形的工艺，是获得某种形状和尺寸的锻件的加工方法，锻件形状和尺寸主要由人工操作来控制。由于自由锻造生产率较低，加工余量较大，一般适用于单件或小批量生产。自由锻造是制造大型锻件的主要办法，自由锻造的基本工艺包括镦粗、拔长、冲孔、弯曲、错位、切割等。

镦粗是指使坯料高度减少，横截面增大的成形工序。在坯料上某部分进行的镦粗称为局部镦粗。

镦粗是自由锻造最基本的工艺，不仅一些锻件必须采用镦粗成形，在其他锻造工序（如拔长、冲孔等）中也都包括镦粗因素。因此，了解镦粗时的变形规律，对掌握锻造工艺具有重要意义。

镦粗的坯料有圆截面、方截面和矩形截面等。一般镦粗时，由于模具与坯料间接触面的摩擦应力场的作用，使坯料内的应力场和应变场很不均匀。

二、实验目的

通过对圆柱形坯料进行平板间镦粗，了解摩擦对镦粗变形过程和成形试件形状的影响，了解镦粗变形时的3个变形区和不均匀变形。

三、实验设备及材料

油压机、游标卡尺、直尺、圆规。

四、实验原理

试样采用如图1-16所示的坯料，由外套、半圆坯料和低熔点合金组成，基本材料为纯铝。具体制作过程为：选定或加工外直径ø为40mm、高度为40mm、壁厚为2mm的外套；根据外套的内径，加工出圆柱形内坯料，并保证内坯料与外套过渡配合；将圆柱坯料用线切割或其他方法平分成两半；在半圆形坯料的平面上，刻画上如图1-16所示的网格；将两半用低熔点合金焊合后，装配入外套，并最终制作成如图1-16所示的试件。

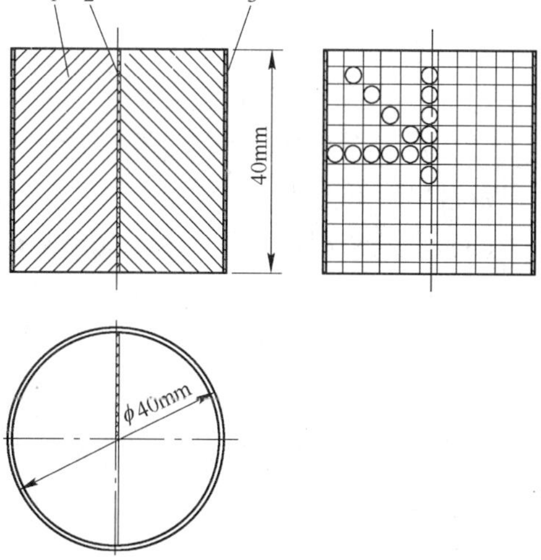

图1-16 零件毛坯示意图

1—半圆形坯料；2—低熔点合金；3—外套

五、实验内容及步骤

按照实验内容和步骤进行操作，具体如下：

（1）镦粗：试件在油压机上进行镦粗，试件最终高度控制在（25 ±1）mm。

（2）润滑镦粗：改善端面的润滑条件后，将另一试件在油压机上进行镦粗，试件最终高度也控制在（25 ±1）mm。

（3）测量断口尺寸：在成形时，记录成形的压力与位移的曲线；成形后测量试件的形状尺寸。

（4）试件剖开：将两试件沿焊合面剖开，并将低熔点合金去除。

（5）测量试样：测量试样上网格的尺寸变化，并计算各位置真实应变的大小，具体过程为：

设变形前圆形网格的直径为 d_0；变形后网格形状改变，一般变成椭圆形。取椭圆长轴方向为 1 方向和短轴为 2 方向，量取相应的长度 d_1 和 d_2；则

$$\varepsilon_1 = \ln\frac{d_1}{d_0} \qquad \varepsilon_2 = \ln\frac{d_2}{d_0}$$

根据椭圆的长轴与试件 r 方向夹角 θ 的大小（有方向性）计算出 ε_r、ε_z、γ_{rz}和 ε，具体过程为：

$$\varepsilon_r = \frac{\varepsilon_1 + \varepsilon_2}{2} + \frac{\varepsilon_1 - \varepsilon_2}{2}\cos 2\theta\ ,\ \varepsilon_z = \frac{\varepsilon_1 + \varepsilon_2}{2} + \frac{\varepsilon_1 - \varepsilon_2}{2}\cos 2\theta$$

$$\gamma_{rz} = \frac{\varepsilon_1 - \varepsilon_2}{2}\sin 2\theta$$

$$\varepsilon = \frac{\sqrt{2}}{3}\sqrt{(\varepsilon_1 + \varepsilon_2)^2 + (2\varepsilon_1 + \varepsilon_2)^2 + (\varepsilon_1 + 2\varepsilon_2)^2}$$

六、实验报告要求

实验后，每个人都必须书写实验报告，报告要求写明实验名称，主要内容包括：

（1）实验目的和内容：本实验的目的，实验用的设备及成形工艺，试样的材料、形状尺寸，变形后的试样形状和尺寸；

（2）试样分析：计算试样变形后典型位置的应变，同时根据外形说明摩擦对变形的影响以及镦粗变形的特点；

（3）曲线绘制：记录成形的压力与位移的曲线。

实验八　变形分布的研究

一、专业知识

金属在塑性加工时，其各个部分所产生的变形是不均匀的，这是由于外摩擦、工具的外形、变形区的形状、变形体的外端、变形体内温度的不均匀分布以及金属的性质等因素所造成的。严格来说，实现均匀变形是不可能的。即使在采取了特殊措施进行实验时，也只能是近似的接近于均匀变形。

变形及应力不均匀分布所引起的后果：

（1）使单位变形力增大。当变形不均匀分布时，将使物体内部产生相互平衡的附加应力，使变形能量消耗增加，也使单位变形力增大。此外，当应力分布不均匀时，会使变形体内实际的应力分布情况与基本应力有很大不同，有时虽然作用着单向的基本应力，但工件应力却可能变成三向同名应力状态，此时也会使单位变形力增大。

（2）使塑性降低。在具有应力不均匀分布的变形物体内，当某处的工作应力达到金属的断裂强度时，则在该处将首先产生断裂，从而导致金属的塑性下降。

（3）使产品质量降低。由于变形的不均匀分布使物体内产生附加应力，若变形后物体的温度较低不足以消除此附加应力时，则将在物体内存有残余应力，从而使物体的力学性能下降。同时，由于变形体内各处的变形不同，其再结晶后各处的晶粒大小也不同，造成组织与性能分布不均。

（4）使操作复杂。由于变形体内应力的分布不均，使加工工具的各部分受力不均，以致使工具各部分的弹性变形和磨损不均。这样就使工具设计、制造和维护变得复杂，同时也使对材料进行的热处理制度复杂化。

可见，研究变形体变形分布规律，阐明原因，对于改善金属塑性加工工艺具有十分重要的意义。

二、实验目的

学习研究变形分布的网格法，以及观察一些变形不均匀分布的现象。

三、实验原理

金属塑性加工时研究变形分布的方法很多，而网格法是应用最广泛的方法之一。其实质是变形前在试件的某些面上画上 3～5mm 的网格，然后对试件进行变形，变形完毕根据变化的网格进行必要的测量计算，即可得出试件某个方向上变形分布的图形。

四、实验设备及材料

实验所用的设备和材料如下：

(1) 设备：60kN 材料实验机。

(2) 材料：压缩模具 1 副、5mm×40mm×60mm 铅片 10 片，游标卡尺和钢尺各 1 把。

五、实验内容及步骤

按照实验内容和步骤进行操作，具体如下：

(1) 取 5mm×40mm×60mm 的铅块 10 片，将其叠成矩形件；进行必要的修整，使每片尺寸严格一致。在组合件的长向及宽中心，沿着试件高度作中心线，并将铅块进行由上而下的编号。每块表面的 1/4 部分的面积上，画上 5mm×5mm 的网格。如图 1-17 所示（注意：每块上的网格都要画在矩形件的同一象限内）。

(2) 每个铅片的网格都准备好以后，重新将 10 块铅片按原样仔细叠好，尽可能使测线保持笔直：如图 1-18 所示的 5mm×40mm×60mm 的组合整体试件。将其置于压力机上平行的平锤间进行塑压至一定的变形程度，再进行分析研究。要求如下：

1) 从外观上对整体试件进行观察分析并画出变形后的示意图；

2) 观察上、下两接触表面的滑动情况；

3) 将试件各层分开，测定每片同一轴向上相应点变形后的高度（厚度），并记录于表 1-8（ox，oy 方向）。每片由中心向外逐渐测量尺寸；

4) 进行各点处高向变形计算，并作出高向上各层的轴向变形分布图；

5) 最后对实验结果进行分析讨论，并编写实验报告。

注：也可测得各个方格伸长率的大小，画出同片上延伸分布图，以及同一轴向沿高度上延伸分布图等。这样做则需另设计数据表格，即可自己完成。

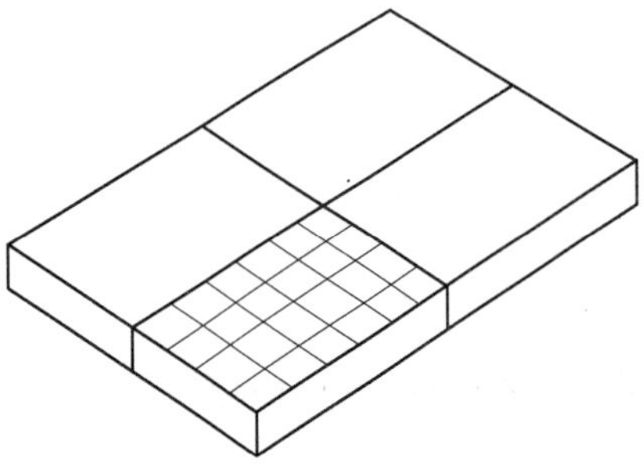

图 1-17 网格及其在铅片上的部位

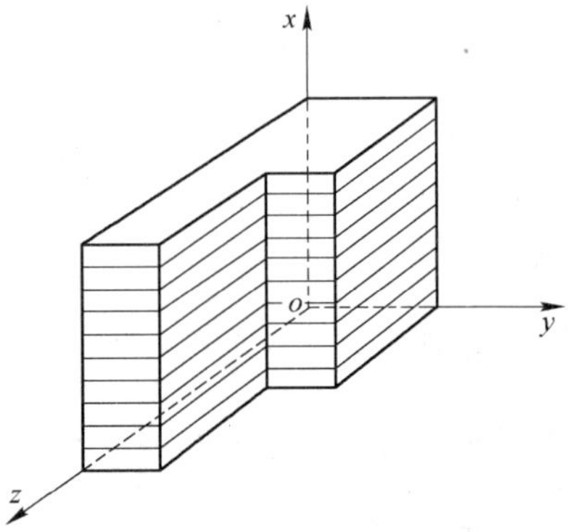

图 1-18 矩形试件组

六、实验报告要求

实验后每个人都必须书写实验报告，报告要求写明实验名称，主要内容包括：

(1) 目的。

(2) 实验设备型号及有关参数、试样材质及基本尺寸、实验内容及主要步骤。

(3) 实验结果与分析并记录于表 1-8。

表 1-8　实验数据

层数	高向变形　$\varepsilon_h=\frac{H-h}{H}$（或 $\varepsilon_h=\ln\frac{h}{H}$）														
	第一格			第二格			第三格			第四格			第五格		
	原始高度 h/mm	高度差 Δh/mm	变形量 ε_1/%	原始高度 h/mm	高度差 Δh/mm	变形量 ε_2/%	原始高度 h/mm	高度差 Δh/mm	变形量 ε_3/%	原始高度 h/mm	高度差 Δh/mm	变形量 ε_4/%	原始高度 h/mm	高度差 Δh/mm	变形量 ε_5/%
1															
2															
3															
4															
5															

实验九 残余应力的测定实验

一、专业知识

构件在制造过程中，将受到来自各种工艺因素的作用与影响；当这些因素消失之后，若构件所受到的上述作用与影响不能随之而完全消失，仍有部分作用与影响残留在构件内，则这种残留的作用与影响称为残留应力或残余应力。残余应力是当物体没有外部因素作用时，在物体内部保持平衡而存在的应力。

凡是没有外部作用，物体内部保持自相平衡的应力，称为物体的固有应力，或称为初应力，也称为内应力。残余应力是一种固有应力。

残余应力的存在状态是随材料性能、产生条件等的不同而异，分类的方法也不一致。若按残余应力作用的范围来分，则可分为宏观残余应力与微观残余应力等两大类：

（1）宏观残余应力：又称第 1 类残余应力，它是在宏观范围内分布的，它的大小、方向和性质等可用物理的或机械的方法进行测量。

（2）微观残余应力：属于显微视野范围内的应力。依其作用的范围，细分为两类：即微观结构应力，或称第 2 类残余应力，它在晶粒范围内分布；晶内亚结构应力，又称为第 3 类残余应力，它在一个晶粒内部作用。

残余应力的测量方法：残余应力的测量方法可以分为有损和无损两大类，有损测试方法就是应力释放法，也可以称为机械方法；机械方法目前用得最多的是钻孔法（盲孔法），其次还有针对一定对象的环芯法。无损方法就是物理的方法；物理方法中用得最多的是 X 射线衍射法，其他主要物理方法还有中子衍射法、磁性法和超声法。

二、实验目的

学会用应力框试样测定残余内应力的方法，提高对铸件残余应力的产生、发展过程的感性认识。

三、实验原理

本实验采用的应力框如图 1-19 所示。应力框试样的横梁有足够的刚度，杆Ⅰ截面大，冷却速度慢；杆Ⅱ截面小，冷却速度快。但二者连成一个整体，冷却过程中，试样收缩必然相互制约而产生阻碍，这样就形成了热应力。当冷却到一定的温度范围时（高于再结晶温度），Ⅰ、Ⅱ杆都处于塑性状态。虽然冷却速度不相同，收缩也不一致，但由于温度高，塑性变形后，能产生回复和再结晶，使其应力消失（见图 1-19（a））。继续冷却，杆Ⅱ进入弹性状态，而杆Ⅰ仍处于塑性状态，由于杆Ⅱ冷却快，收缩量大于杆Ⅰ，导致杆Ⅰ受压缩而杆Ⅱ则受拉伸（图 1-19（b））。在应力作用下，杆Ⅰ发生塑性变形，导致内应力消失（图 1-19（c））。进一步冷却时，杆Ⅰ也进入弹性状态，产生较大的收缩，但杆Ⅱ由于温度低，其收缩基本停止，阻碍杆Ⅰ收缩。结果杆Ⅰ受拉伸而产生拉应力；杆Ⅱ受压缩而产生压应力，最终（图 1-19（d））形成了热应力。

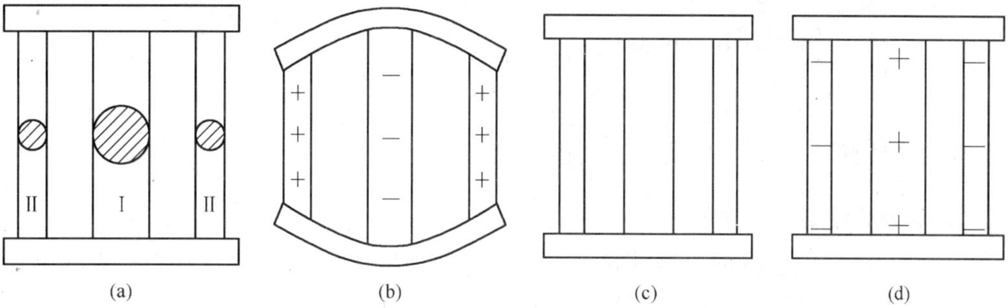

图 1-19　热应力的形成

（a）试样压缩前；（b）试样压缩过程 1；（c）试样压缩过程 2；（d）试样压缩后

用应力框测定热应力是应力测定中一种最为简单的方法，应力框试样如图 1-20 所示。其主要原理是把应力框中受拉应力的杆 I 切断，使得应力框内残余应力得到释放，破坏其内部的应力平衡，使得受拉应力的杆 I 缩短，受压应力的杆 II 伸长。通过测定其变形量，求出弹性应变 ε，再根据弹性变形范围内的公式 $\sigma = E\varepsilon$，求出铸件的热应力。

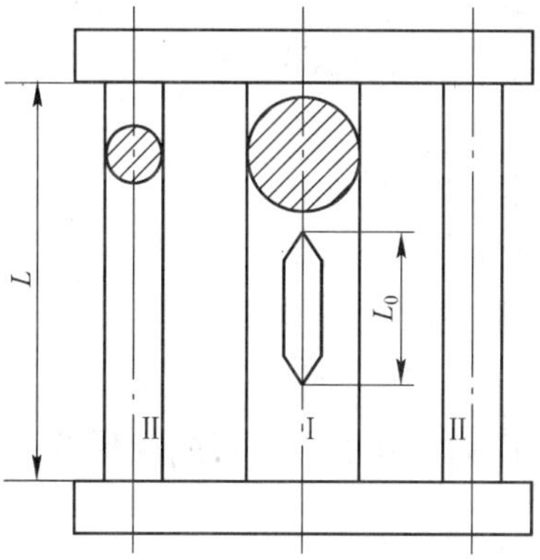

图 1-20　应力框试样

计算杆 I 所受内应力可用式 1-24、式 1-25 表示：

$$\sigma_b A = \sigma_{\mathrm{I}} F_{\mathrm{I}} \quad \text{即} \quad \sigma_{\mathrm{I}} = \frac{\sigma_b A}{F_{\mathrm{I}}} \tag{1-24}$$

式中　σ_b——材料的抗拉极限，MPa；

σ_{I}——杆 I 所受内应力，MPa；

F_{I}——杆 I 截面积，mm^2；

A——拉断时的三角面积，mm^2。

$$\sigma_{\mathrm{I}} = E \times \frac{\Delta L}{L\left(1 + \dfrac{F_{\mathrm{I}}}{2F_{\mathrm{II}}}\right) - L_0} \tag{1-25}$$

式中　E——弹性模量，kg/mm^2；

ΔL—— 杆Ⅰ凸台锯断前后测量的伸长量，mm，$\Delta L = L_1 - L_0$；

L——应力框锯断前后杆Ⅰ（Ⅱ）的长度，mm；

F_{I}——杆Ⅰ的截面积，mm^2；

F_{II}——杆Ⅱ的截面积，mm^2。

四、实验设备及材料

实验所用的设备和材料如下：

（1）设备：感应电阻炉、热电偶、EX 系列台式记录仪、ZQY 铸造动态应力测定仪。

（2）材料：灰铁及球铁炉料、造型用砂、应力框模型、砂箱、造型工具浇注工具、锉刀、游标卡尺。

五、实验内容及步骤

按照实验内容和步骤进行操作，具体如下：

（1）制作应力框砂型两个，造型时，在横梁处放冷铁以加快其冷却速度；浇注灰铁及球铁应力框各两个，冷却后打箱清理。

（2）把中间的小凸台用锉刀锉出锐角，用游标卡尺测量小凸台两尖角之间的距离 L_0，测量三次取其平均值。

（3）从凸台中间锯杆Ⅰ，锯成三角形。

（4）用游标卡尺测量断开后的小凸台两角尖之间的距离 L_1（见图 1-21），测三次取其平均值。

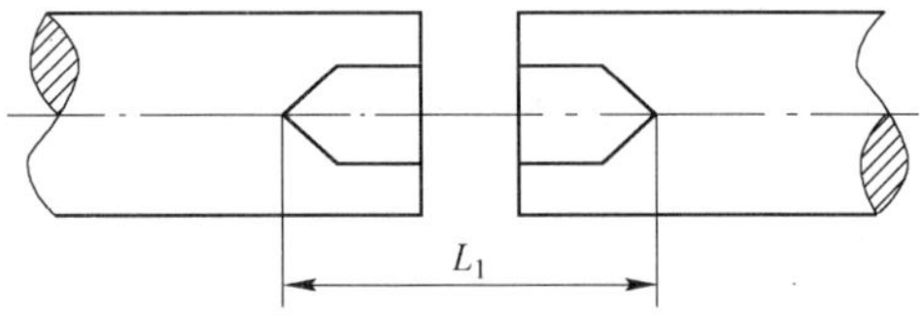

图 1-21 断裂后凸台两端间距

（5）打断杆Ⅱ，测量被内应力拉断的三角形断面的三边长 a、b、c，根据式 1-26 算出三角形断面的面积 A（mm^2）：

$$A = \sqrt{s(s-a)(s-b)(s-c)} \tag{1-26}$$

$$s = \frac{a+b+c}{2}$$

（6）重复上述步骤(2)～(5)。

（7）分析实验数据，完成实验报告。

六、实验报告要求

实验后每个人都必须书写实验报告，报告要求写明实验名称，主要内容包括：

（1）目的。

（2）实验设备型号及有关参数，试样材质，实验内容及主要步骤。

（3）整理实验数据，将实验结果记录于表 1-9。

（4）实验结果与分析。

表 1-9 实验数据

材料名称	应力框锯断前总长度 L /mm	锯断前杆 I 凸台长 L_0 /mm	锯断后杆 I 凸台长 L_1 /mm	锯断前后杆 I 凸台伸长量 ΔL/mm $\Delta L = L_1 - L_0$	杆 I 所受内应力 σ_1 /kg · mm^{-2}	
					公式一	公式二
灰 铁						
球 铁						

实验十 金属变形抗力及加工硬化分析

一、专业知识

变形抗力是指在一定的加载和一定的变形温度、速度条件下，引起塑性变形的单位变形力的大小，或者说金属抵抗塑性变形的能力。

金属在塑性变形过程中，随着变形程度的增加，强度和硬度提高，而塑性、冲击韧性则会降低，这种现象称为加工硬化。加工硬化的产生是由于金属发生塑性变形时，随着滑移过程的进行，晶格与晶粒均发生了扭曲，产生应力。同时金属中位错密度和空位等缺陷增加并通过位错聚集和缠结构成了许多新的亚晶界，晶粒碎化，位错运动阻力增加。所以，要进一步变形，就要增大变形力，依次下去，变形程度越大，强度越高，塑性越差，加工硬化越严重。许多金属材料产品都采用在常温下进行塑性加工的方法生产。在这种条件下进行塑性变形，必然要引起材料中发生加工硬化，塑性降低，变形抗力提高。材料不同，变形条件不同，其加工硬化的程度也不同。材料加工硬化对塑性成形的影响既有有利的方面，也有不利的方面。有利的是板材的硬化能够减少过大的局部集中变形，使变形趋向均匀，增大成形极限，尤其对伸长类变形有利，同时还能提高零件的强度、硬度等性能；不利的是变形抗力的增加，使变形变得困难，对后续变形工序不利，有时不得不增加中间退火工序以消除硬化，增加了生产工序和加工成本。因此应了解材料的硬化现象及其规律，并在实际生产中应用。

真实应力-应变曲线反映变形抗力随变形程度增加的变化规律，也被称为硬化曲线，它可以通过拉伸、压缩等实验方法求得。实际应力曲线与材料力学中所学的工程应力曲线（也称假象应力曲线）是有所区别的，假象应力曲线的应力指标是采用假象应力来表示的，即应力是按各加载瞬间的载荷 F 除以变形前试样的原始截面积 S_0 计算，没有考虑变形过程中试样截面积的变化，显然是不准确的；而实际应力曲线的应力指标是采用真实应力来表示的，即应力是按各加载瞬间的载荷 F 除以该瞬间试样的实际截面积 S 计算。实际应力曲线与假象应力曲线如图 1-22 所示。从图 1-22 中可以看出，实际应力曲线能真实反映变形材料的加工硬化现象。

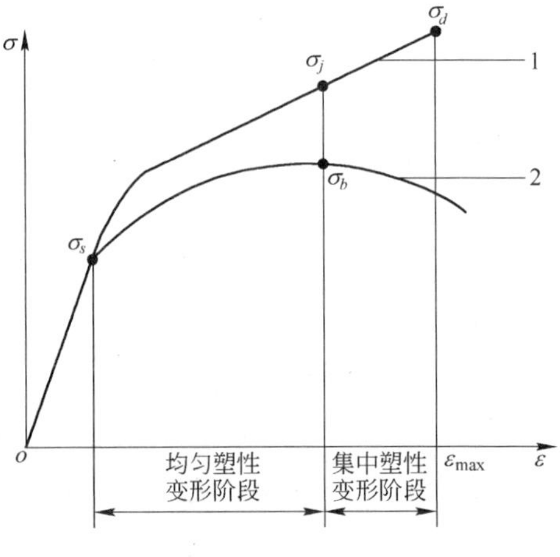

图 1-22 金属的应力-应变图
1—实际应力曲线；2—假象应力曲线

从曲线的变化规律来看，即在塑性变形的开始阶段，随变形程度的增大，实际应力剧烈增加，当变形程度达到某些值以后，变形的增加不再引起实际应力值的显著增加。这种变化规律可近似用指数曲线表示，其函数关系如式 1-27 所示：

$$\sigma = A\varepsilon^n \tag{1-27}$$

式中　σ——实际应力，Pa；

A——材料系数；

ε——应变；

n——硬化指数。

A 和 n 取决于材料的种类和性能，可通过拉伸试验求得。硬化指数是表明材料冷变形硬化的重要参数，对板材的冲压成形性能以及制件的质量都有较为重要的影响。n 值大表示在冷变形过程中，材料的变形抗力随变形程度的增加而迅速地增大，材料均匀变形能力强。

二、实验目的

本实验的目的如下：

（1）加深学生对综合运用材料力学行为、塑性力学、塑性加工金属学等基础知识的理解。

（2）深刻理解金属塑性加工中变形抗力的概念原理和加工硬化的形成机制和影响因素。

（3）掌握变形抗力的测试方法、硬度计的使用和分析压缩变形后的加工硬化行为。

（4）培养学生运用多种知识原理、实验技能，掌握分析解决问题的能力。

三、实验原理

对金属进行塑性加工时，变形力是使其产生变形的力，而变形抗力则是金属抵抗变形的阻力。变形抗力是塑性加工中首先要考虑的一个重要参数。变形抗力有多种方法可以求得，常用的有实验公式法，如拉伸试验法、压缩试验法、扭转试验法等。

拉伸试验时，金属试样经历了弹性变形、屈服、均匀塑性变形、缩颈直至断裂。试验中单向拉伸时的变形抗力可以认为等于瞬间载荷 F 与试样的瞬间截面积之比，即 $\sigma = F/S$。采用拉伸实验法测定变形抗力时，其应力状态在变形程度较小、尚未出现缩颈时可以认为是单向应力状态，即此时所测得的变形抗力等于真实应力。为了求得缩颈点以后每一瞬时的真实应力 σ 和真实相对伸长 ε，必须记录下拉伸时每一瞬时试样颈缩处的断面积 S，才能继续运用拉伸试验法求得真实的变形抗力。但是测量颈缩处断面积的瞬时值很困难。因此，在材料变形量较小时采用拉伸试验测定变形抗力是可行的。但是，当试样变形量较大、出现缩颈时，由于出现了颈缩，颈缩处已非单向拉伸，而是处于不等的三向拉伸应力状态，上述方法就不再适用了。

拉伸试验时最大应变量受到颈缩的限制，一般真实应变 ε 可达 1 左右。而压缩试验时真实应变 ε 可以达到 2 左右。因此，压缩试验可以获得大应变量下的真实应力-应变曲线。但压缩试验中存在一个较大缺点，即试样与压缩模板的接触面上总难免会有摩擦，这就改变了试样的单向应力状态，使试样压缩时出现鼓形，因而求得的应力也不是真正的单向压缩应力。所以，消除接触摩擦的影响是求得精确压缩真实应力-应变曲线的关键问题。因此，在实验中一般采用如图 1-23 所示的两端带有凹槽的圆柱压缩试样，进行压缩实验前在凹槽内填入适当的润滑剂，以达到减小摩擦的目的。

圆柱形试样如图 1-23（a）所示，其尺寸一般取为 $H_0 = (1 \sim 3)D_0$，$D_0 = 10 \sim 25\text{mm}$。

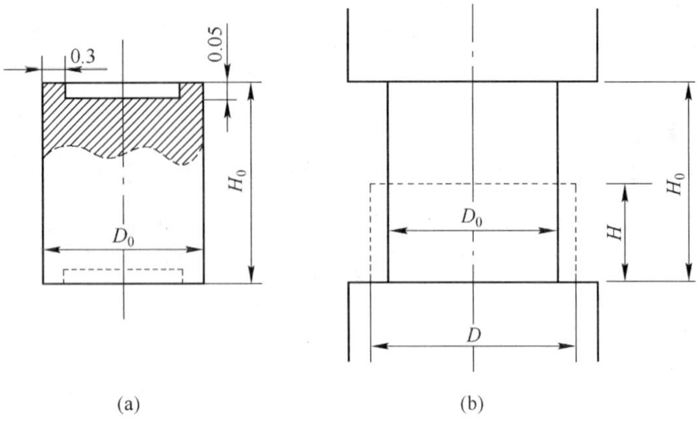

图 1-23 压缩试验

（a）圆柱形试样；（b）压缩试样

在样端面加工出浅槽，以便实验时保存润滑剂，减少压缩时的接触摩擦。上、下压头须经淬火、回火、磨削和抛光。压缩试验时，接触面加润滑剂，在试验中，记录下压力 P 和实际高度 H，然后擦净试样和压头，重新加润滑剂，再重复上述过程，一直压到所需变形量为止。根据实验数据，利用式 1-28 和式 1-29，就可求得真实应力-应变曲线。

$$\varepsilon = \ln \frac{H_0}{H} \tag{1-28}$$

$$\sigma = \frac{P}{S} = \frac{P}{S_0 e^{\epsilon}} \tag{1-29}$$

式中 ε，σ——压缩时对数应变、变形抗力（真实应力）；

H_0，H——试样原始高度和压缩后高度；

P——压缩时载荷；

S_0，S——试样原始截面积和压缩后截面积。

圆柱试样压缩试验表明，压缩真实应力-应变曲线受 D_0/H_0 值的影响，D_0/H_0 值大的试样所得曲线总高于 D_0/H_0 值小的试样所得曲线。这是由于 D_0/H_0 大，则试样相对接触面大，所受摩擦影响就大，因而真实应力就高。根据这个原理，有人提出了用“外推法”间接求出理想单向压缩状态下的真实应力-应变曲线，但此方法较繁琐。

四、实验设备及材料

实验所用到的设备和材料如下：

（1）实验设备：材料实验机、室温圆柱压缩试验模具、洛氏硬度计、游标卡尺。

（2）实验材料：纯铝圆柱试样、润滑剂（石墨）。

五、实验内容及步骤

按照实验内容和步骤进行操作，具体如下：

（1）实验内容。

1）学习运用室温圆柱压缩实验测定材料变形抗力的方法，原理和操作。

2）完成退火/冷轧变形态的纯铝圆柱在无润滑的条件下，不同变形量的室温压缩试验，测定所有试样的硬度，并分析其变形抗力和加工硬化现象。

3）完成退火/冷轧变形态的纯铝圆柱在润滑良好的条件下，不同变形量的室温压缩试验，测定所有试样的硬度，并分析其变形抗力和加工硬化现象。

（2）实验步骤。

1）实验前认真预习相关的基础知识，掌握相关原理。

2）分组讨论、制定实验方案，并须经实验指导教师确认后方可领取试样。

3）测定并记录要进行实验的试样的几何尺寸及其硬度值。

4）做好安全措施，操作实验机，分组完成无润滑条件下，不同变形程度的圆柱压缩试验。

5）测定并记录完成压缩试样的几何尺寸及硬度值。对本组实验数据进行加工硬化行为进行分析讨论。

6）做好安全措施。操作实验机，分组完成有石墨润滑条件下，不同变形程度的圆柱压缩试验。

7）测定并记录完成压缩的试样的几何尺寸，根据本组数据绘制压缩变形曲线，并对变形抗力变化情况进行分析讨论。

六、实验报告要求

实验后每个人都必须书写实验报告，报告要求写明实验名称，主要内容包括：

（1）实验报告要求字迹工整、图表清晰、格式规范。

（2）写出实验目的、相关原理及详细实验操作步骤。

（3）准确记录实验的详细条件，包括试样详细条件、润滑条件等。

（4）要求对实验求得的变形抗力近拟值。

（5）要求对实验结果认真进行讨论分析。

实验十一 塑性变形对金属性能的影响

一、专业知识

塑性变形是指物质包括流体及固体在一定的条件下，受外力作用而产生形变，当施加的外力撤销或者消失后，该物体不能恢复原状的一种物理现象。

材料在外力作用下产生应力和应变（即变形）。当应力未超过材料的弹性极限时，产生的变形在外力去除后全部消除，材料恢复原状，这种变形是可逆的弹性变形。当应力超过材料的弹性极限，则产生的变形在外力去除后不能全部恢复，而残留一部分变形，材料不能恢复到原来的形状，这种残留的变形是不可逆的塑性变形。在锻压、轧制、拔制等加工过程中，产生的弹性变形比塑性变形要小得多，通常忽略不计。这类利用塑性变形而使材料成形的加工方法，统称为塑性加工。

金属冷变形时，在外力作用下，由于塑性变形，使晶粒形状改变，位错密度增加，内应力增加，金属进一步发生塑性变形困难，塑性指标下降，强度指标增加，这就是加工硬化现象。

对金属加工硬化现象的研究，是金属塑性变形研究的重要部分之一。

二、实验目的

进一步理解金属在冷塑性变形过程中硬度值的变化及性能的变化。

三、实验原理

固态金属是由大量晶粒组成的多晶体，晶粒内的原子按照体心立方、面心立方或紧密六方等方式排列成有规则的空间结构。由于多种原因，晶粒内的原子结构会存在各种缺陷。原子排列的线性参差称为位错。由于位错的存在，晶体在受力后原子容易沿位错线运动，降低晶体的变形抗力。通过位错运动的传递，原子的排列发生滑移和孪晶。滑移是一部分晶粒沿原子排列最紧密的平面和方向滑动，很多原子平面的滑移形成滑移带，很多滑移带集合起来就成为可见的变形。孪晶是晶粒一部分相对于一定的晶面沿一定方向相对移动，这个晶面称为孪晶面。原子移动的距离和孪晶面的距离成正比。两个孪晶面之间的原子排列方向改变，形成孪晶带。滑移和孪晶是低温时晶粒内塑性变形的两种基本方式。多晶体的晶粒边界是相邻晶粒原子结构的过渡区。晶粒越细，单位体积中的晶界面积越大，有利于晶间的移动和转动。某些金属在特定的细晶结构条件下，通过晶粒边界变形可以发生高达300% ~3000%的伸长率而不破裂。

四、实验设备及材料

实验所用的设备和材料如下：

（1）设备：二辊轧机1台，布氏硬度测量机1台。

（2）材料：6mm×25mm×200mm的低碳钢板9块，H_2SO_4、HCl溶液各500mL，游标卡尺1把。

五、实验内容及步骤

按照实验内容和步骤进行操作，具体如下：

（1）取6mm×25mm×200mm的低碳钢板9块，在H_2SO_4、HCl溶液中酸洗30min左右，再清洗，去除氧化铁皮。

（2）在二辊轧机上分别给予0%、5%、10%、20%、30%、40%、50%、60%、70%的变形量。

（3）对冷变形后的试样分别截取一小块，在布氏硬度实验机上测量HRB硬度值。每块试样打3个点，取其算术平均值，作为该块试样的HRB值。

六、实验报告要求

实验后每个人都必须书写实验报告，报告要求写明实验名称，主要内容包括：

（1）本试验的目的，试验用的设备及试样条件，试样材料、形状及尺寸，试样变形后的尺寸。

（2）作出冷变形F、ε-HRB曲线，并分析讨论。

（3）将数据记录于表1-10中。

表1-10　数据记录

钢板试样	变形前高度 H/mm	变形后高度 h/mm	变形量 ε/%	硬度HRB（测三个点取算术平均值）
1号				
2号				
3号				
4号				
5号				
6号				
7号				
8号				
9号				

第二章

金属材料塑性加工技术实验

实验一　挤压过程中挤压力的变化规律

一、专业知识

在挤压过程中，挤压杆通过挤压垫作用在锭坯上使其依次流出模孔的压力，称为挤压力，此过程中挤压力随挤压杆的移动而变化。挤压力是制定挤压工艺、选择与校核挤压机能力以及检验零部件强度和模具强度的重要依据。

通常所说的挤压力是指挤压过程中的突破压力 P_{max}，相应的单位挤压力或挤压应力是根据公式 $\sigma_j = P_{max}/F_d$ 计算得到，其中 F_d 是挤压垫的面积。在挤压过程中，影响挤压力的因素主要有：金属变形抗力、挤压程度（即挤压比）、挤压速度、挤压温度、模具接触面与锭坯的摩擦条件、挤压模角、锭坯长度、挤压方法及制品断面形状等。

在挤压筒、变形区和工作带内的金属，都承受了接触面上的摩擦作用，这些摩擦阻力是挤压力的组成部分，摩擦阻力小，挤压时所消耗的挤压力也小，因此，在此过程中摩擦力的近似测定也是很重要的。

由于生产实践中广泛使用正挤压法，下面对正挤压时的各挤压阶段及相应的金属流动特征进行介绍，以便更好理解本实验原理。按金属流动特征和挤压力的变化规律，可以将挤压过程分为 3 个阶段，如图 2-1 所示。第一阶段是开始挤压阶段，也称填充挤压阶段。在挤压杆的作用力下，金属先充满挤压筒和模孔，此阶段挤压力呈直线急剧上升。第二阶段是基本挤压阶段，也称平流（稳定）挤压阶段。锭坯任一横截面径向上的金属质点，总是中心部分先流动进入变形区，外层的流动得较慢，而靠近挤压垫处和模子与挤压筒的交界处，其金属尚未残余流动从而形成难变形区，因此在挤压过程中存在流动不均匀现象。从图 2-1 的Ⅱ区的线型特征表明，挤压力随筒内锭坯长度的缩短、表面摩擦力总量减少，几乎呈直线下降。第三阶段是终了挤压阶段，也称紊流挤压阶段。外层金属进入内层或中心的同时，两个难变形区内的金属也开始向模孔流动，从而易产生第三挤压阶段所特有的缺陷“缩尾”。此时，由于冷却作用和强烈的摩擦作用使挤压力迅速上升。

二、实验目的

通过实测出 P-L 曲线来确定出挤压力 P 的最大值 P_{max} 和最小值 P_{min}，分析在不同挤压

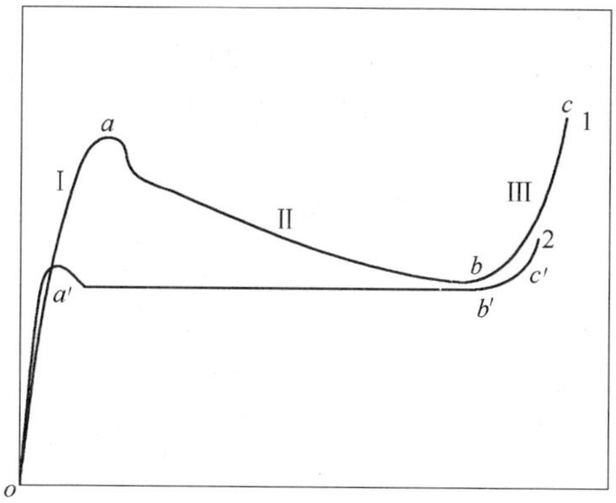

图 2-1　挤压过程的挤压力变化曲线

Ⅰ $oa(oa')$ —开始挤压阶段；Ⅱ $ab\ (a'b')$ —基本挤压阶段；Ⅲ $bc\ (b'c')$ —终了挤压阶段

阶段挤压力的变化原因，并计算出挤压时筒锭间的摩擦应力。

三、实验原理

正挤压过程中，挤压力 P 与挤压行程 L 的关系呈图 2-2 所示的规律，依据该曲线的变化规律可将挤压过程分为 3 个阶段：

OA——开始挤压阶段Ⅰ；

AB——基本挤压阶段Ⅱ；

BC——终了挤压阶段Ⅲ。

由Ⅰ阶段进入Ⅱ阶段时，在 A 点挤压力 P 达到最大值 P_{max}，此力称为突破压力，即为某工艺条件下挤压过程的挤压力，只要 P_{max} 低于挤压设备能力，挤压设备及工具就安全。由Ⅱ阶段进入Ⅲ阶段时，在 B 点挤压力达到进入基本挤压阶段后的最小值 P_{min}。

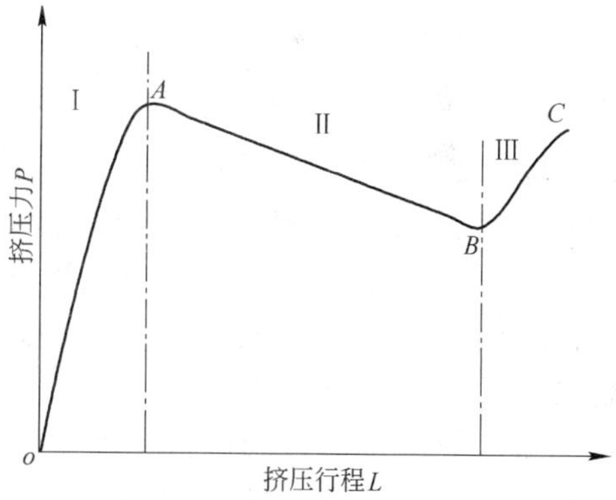

图 2-2　挤压力 P 与挤压行程 L 的关系

在挤压过程中，挤压筒与锭坯间的摩擦对挤压筒内的金属流动不均匀性有着重要的影响。这种摩擦所引起的接触表面上的摩擦应力有两种近似的测定方法：

（1）使用 *P-L* 曲线图计算：根据记录的 *P-L* 曲线图或直接读出的挤压力值，按式 2-1 计算摩擦应力：

$$\tau_j = \frac{P_{max} - P_{min}}{\pi D_0 (L_0 - h_s)} \tag{2-1}$$

式中　τ_j——摩擦应力，kg/mm^2；

P_{max}——突破压力，kg；

P_{min}——最小压力，kg；

D_0——挤压筒直径，mm；

L_0——镦粗后的锭长（忽略挤出的料头），mm；

h_s——死区厚度，mm。

（2）使用压余推出力 P' 计算：当终止挤压，将模子、压余、垫片一起顶出挤压筒时，可测得稳定推出力，即克服挤压筒壁所需的力 P'，则可按式2-2计算摩擦应力：

$$\tau_2 = \frac{P'}{\pi D_0 L_1} \tag{2-2}$$

式中 τ_2——摩擦应力，kg/mm^2；

P'——推出力，kg；

L_1——金属接触筒壁的实际长度，mm。

由于在测 P' 时，金属内的静水压力已降低，所以 τ_1 和 τ_2 值会存在差异。

四、实验设备及材料

本实验所用的设备和材料如下：

（1）设备：60kN 万能材料实验机。

（2）工具：挤压工具1套、游标卡尺和钢尺各1把、锯弓1把。

（3）锭坯：ϕ31.5mm×75mm 铅锭1只。

（4）坐标纸1张，秒表1块。

五、实验内容及步骤

按照实验内容，具体的实验步骤如下：

（1）测量挤压用平模的模孔尺寸（即定径带直径 d 和厚度 h_d）和锭坯尺寸 $D \times L$。

（2）按工具装配要求，在材料实验机活动横梁正中放好工具和锭坯不得错装和少装。

（3）在挤压力记录装置（圆形辊筒）上铺一张坐标纸，装上一支记录用笔。

（4）快速提升活动横梁使工具尽快进入工作状态，同时调整因工具重量引起的表盘指针变位，使之指零。当挤压轴上端面即将接触上工作横梁（$\Delta = 1 \sim 2$mm）时，停机，调整记录装置，放下记录笔并标出力的零位。

（5）调整油量控制手轮（节流阀）并调整速度，之后开机，当计力盘指针一动，操作者应发出信号，表示锭坯开始处于应力状态，其他人应开始测量挤压时间，并按压余厚度 $h = 1 \sim 2$mm 控制行程 L 点，挤压过程中记录下 P_{max} 和 P_{min} 值。

（6）完成挤压行程时，停机，立即抬起记录装置的笔，并记下挤压时间和挤压行程（以便计算挤压速度），降下活动横梁，取出模垫和导路，快速提升活动横梁，其余操作同第4、5步，当推出压余的推力稳定时，记录 P'，然后快速推下压余。

（7）取出压余，并将坐标纸取下。

（8）清理实验现场。

六、实验报告要求

实验后每个人均要书写实验报告，报告要写明实验名称，主要内容包括：

（1）用较透明的纸描绘出记录下的 P-L 曲线图，标出实测数据 $L_{总}$、P_{max} 和 P_{min}，并在图中注明挤压工艺、挤压速度 V_j（mm/s）、挤压比 λ、被挤材料以及挤压前后断面的尺寸。

（2）计算筒锭间的摩擦应力 τ_1 和 τ_2。

（3）将记录及计算的实验数据填入表 2-1。

（4）分析 3 个阶段的挤压力变化规律及其原因。

表 2-1　实验数据

锭坯尺寸 $D\times L$ /mm × mm				
挤压筒直径 D_0/ mm				
挤压比 λ				
挤压速度	总行程 L/mm			
	总时间 t/s			
	速度 v/mm · s^{-1}			
挤压方法				
模孔尺寸/mm	直径 d			
	长度 L			
死区高度 h_s/mm				
力/N	最大力 P_{max}			
	最小力 P_{min}			
摩擦应力/MPa	应力 1 τ_1			
	应力 2 τ_2			

实验二 不同挤压条件下的金属流动及挤压力变化的测定

一、专业知识

网格法是研究金属塑性加工中变形区内金属流动情况应用最广的方法之一。其实质是观察变形前后，各网格所限定的区域金属几何形状的变化，网格法可较细致地反映出金属在各部位和各阶段的流动情况。此法的实验操作程序，如图 2-3 所示。

（1）将圆柱形锭坯沿子午面纵向剖分成两半。取其一半，在剖面上均匀刻画出正方网格。网格大小取决于金属品种、试件尺寸和测试手段；

（2）在刻痕沟槽中充填以耐热物质，如石墨、高岭土、氧化锌或粉笔灰等，或嵌入金属丝。然后将水玻璃涂在剖面上以防止挤压时黏结，最后用螺栓固定住试件；

（3）按要求进行不完全挤压；

（4）取出试件，打开，观测网格的变化。

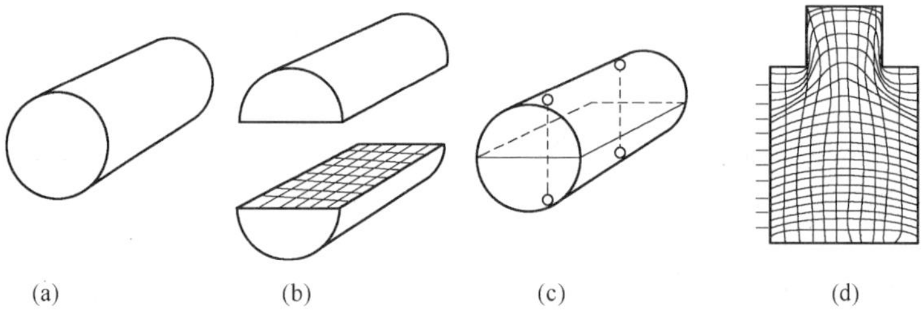

图 2-3 坐标网格法实验

（a）实心锭坯；（b）纵向剖开；（c）将试件固定；（d）挤压后的网格变化

在挤压的过程中，影响金属流动和挤压力的因素很多，主要有挤压方法（正挤压和反挤压）、接触摩擦与润滑、变形程度、变形速度、变形温度、工具结构与形状、锭坯长度以及金属品种等。

（1）挤压方法：正挤压时主要分为开始挤压阶段、基本挤压阶段和终了挤压阶段，在开始挤压阶段金属先充满挤压筒和模孔，挤压力呈直线急剧上升；基本挤压阶段存在金属流动不均匀现象，且挤压力随筒内锭坯长度的缩短、表面摩擦力总量减少，几乎呈直线下降；终了挤压阶段则外层金属进入内层或中心，同时两个难变形区内的金属也开始向模孔流动，从而易产生“缩尾”，且挤压力因冷却和摩擦作用而迅速上升。反挤压由于锭坯表面与挤压筒壁间不存在摩擦，因此在挤压过程中挤压力保持不变，塑性变形区很小且集中在模孔附近，金属流动较正挤压时的要均匀得多。

（2）摩擦：在金属与工具间作用的摩擦力中，以挤压筒壁的摩擦力对金属流动的影响最大。一般而言，当挤压筒壁上的摩擦力很小时，变形区很小且集中在模孔附近；而当该摩擦力很大时，变形区和死区的高度都会增大，金属流动得很不均匀，并会促使外层金属过早地向中心流动而形成较长的挤压缩尾。摩擦阻力是挤压力的组成部分，摩擦系数较小时所消耗的挤压力较小，因此，减小摩擦是节能与提高制品质量的措施之一。

（3）变形程度：随着变形程度增加，挤压力呈正比升高，且坐标网格横线弯曲得更为陡峭，即由抛物线形转变为一条近似的折线。

（4）变形速度：开始挤压阶段，挤压速度较高时的突破压力 P_{max} 较大，随着挤压的继续进行，由于金属冷却得较慢，变形区的金属温度甚至可能提高，挤压力逐渐降低；若采用较低的速度，由于筒内金属的冷却，变形抗力增大，挤压力可能一直上升，甚至可能过大到超过突破压力。

（5）变形温度：随着挤压温度升高，金属变形抗力下降，挤压力也相应下降。一般来说，温度较高时金属流动性较好，实践中发现提高挤压筒温度总是能降低金属流动不均匀程度。

（6）工具结构与形状：1）挤压模：挤压工具的结构与形状对金属流动的影响，以挤压模最为显著，模角 α 越大，流动则越不均匀。锥形挤压模的模角 α 对挤压力有着明显的影响，随着模角 α 由 0°逐渐增大，挤压力逐渐降低，当 α 在 45°～60°范围时，挤压力最小；继续增大模角 α 时，挤压力呈升高趋势。2）挤压筒：在挤压宽厚比很大的制品时，不宜采用圆形内孔挤压筒，否则不仅金属流动不均匀，而且挤压力也很大，因此，生产中使用内孔为扁椭圆形的挤压筒。3）挤压垫：对于挤压垫，采用凹面形挤压垫可稍许增加金属的流动均匀性，但挤压垫工作面形状对金属流动的影响不是很明显。

（7）锭坯长度：正向挤压时，锭坯与挤压筒壁间存在较大摩擦作用，所以锭坯长度对挤压力的大小是有影响的，锭坯越长，挤压力越大。

（8）金属品种：不同种金属，由于其强度、挤压温度等不同导致挤压力和金属质点的流动情况也不相同。

二、实验目的

本实验目的在于介绍挤压时研究金属流动的最简单方法——网格法，并观测各种工艺因素对金属流动与挤压力的影响。

三、实验原理

研究金属在挤压时的流动规律是非常重要的，会影响挤压制品的组织性能、表面质量、外形尺寸及精确度等。实验研究的方法有很多，如坐标网格法、硬度法、比较晶粒法、莫尔条纹法等，其中最常用的是网格法，本实验将采用该方法来研究不同挤压条件下金属的流动情况。

锭坯在挤压过程中，金属质点的流动与所需挤压力 P_{max} 受许多工艺因素的影响，最重要的有：挤压方法、锭坯长度、定径带长度、变形程度、变形速度、变形温度、表面摩擦状态、工具结构与形状、制品断面形状以及金属品种等。当各种挤压工艺条件使锭坯处于最佳流动状态时，不仅金属流动与变形比较均匀，制品组织、性能较均匀，而且挤压力也较小。因此，通过网格法来观察金属在不同挤压条件下挤压各阶段、各变形区内金属流动情况。

四、实验设备及材料

实验所用的设备和材料如下：

（1）设备：60kN万能材料实验机。

（2）工具：挤压工具1套、游标卡尺和钢尺各1把、锯弓1把、断锯片1条、砂纸和颜料。

（3）锭坯：ϕ31.5mm×75mm组合式铅锭6只。

（4）润滑油：蓖麻油、肥皂水、机油、滑石粉、清洗锭坯和工具用汽油。

（5）坐标纸1张，秒表1块。

五、实验内容及步骤

本实验分成六个小组，各小组实验内容分别为：

（1）不同的挤压方法——当其他条件一定时，采用正挤压与反挤压两种方法。

（2）不同的锭坯长度——当其他条件一定时，采用不同长度的锭坯。

（3）不同定径带长度——当其他条件一定时，使用定径带长度不同的几个模子。

（4）不同的变形程度——当其他条件一定时，采用几种不同的挤压比。

（5）不同的挤压速度——当其他条件一定时，采用不同的几种挤压速度。

（6）不同的润滑条件——当其他条件一定时，采用几种不同的表面摩擦状态。

锭坯准备按如下步骤完成：

（1）擦拭干净组合锭坯的组合面。

（2）取其中平整光滑的一块，画出中心线（纵向），然后画出正方形网格。

（3）用汽油轻轻擦拭干净网格组合面上的油污，然后涂上色彩，描出网格，干燥后使用。

（4）注意：一套组合锭不能丢失混杂。

挤压实验步骤和注意事项如下：

（1）挤压程序同第三章实验二，但从锭坯开始受力时起控制挤压行程35mm，第二组则控制压余长30mm。

（2）切实做好实验记录。

六、实验报告要求

实验后每个人都必须书写实验报告，报告要求写明实验名称，主要内容包括：

（1）描绘试件的压余组合面上的网格图，并比较本组实验条件下的金属流动情况。

（2）用较透明的纸，描绘坐标纸上的几条曲线，分析这些曲线不能重合的原因，即分析本组的某工艺条件改变对挤压力大小的影响。

（3）记录及计算的实验数据填入表2-2。

（4）列出其他5组的实验结果并简述规律性。

表 2-2 实验数据

锭坯尺寸 $D \times L$ /mm × mm				
挤压筒直径 D_0/ mm				
挤压比 λ				
挤压速度	总行程 L/mm			
	总时间 t/s			
	速度 v/mm · s^{-1}			
润滑条件				
挤压方法				
模孔尺寸/mm	直径 d			
	长度 L			
死区高度 h_s/mm				
挤压力/N	最大力 P_{max}			
	最小力 P_{min}			
推动力 P′/N				
摩擦应力 1 τ_1 /MPa				
摩擦应力 2 τ_2 /MPa				
流动类型				

实验三 偏心圆孔模挤压时的金属流动实验

一、专业知识

型材的模孔设计对获得尺寸精确的型材起决定性作用，除了模孔的尺寸、模孔各部分工作带的长度，模孔设计还包括确定模孔相对于挤压筒轴线的坐标位置。模孔与挤压筒轴线呈不同角度时，其所受的应力状态不相同，因而引起金属质点的流动情况也不相同。本实验针对模孔相对于挤压筒轴线的坐标位置不同，来分析其对金属流动的影响，并找出相应挤压制品产生缺陷的原因。

当模孔偏心时，应力状态的对称性被破坏，进而金属流动不对称、流动速度不相等，引起挤压制品在出模孔时出现弯曲现象。这也就是本实验所研究的，即当模孔偏心时金属流动的情况，从而找出模孔偏心引起了制品出模孔时产生弯曲的原因。

二、实验目的

本实验的目的在于，使学生了解模孔设计不当而引起了制品出模孔时产生弯曲的过程和原因，并对偏心模挤压时金属的流动情况以及型材模孔设计有一个明确的认识。

三、实验原理

金属质点的流动状态与其所处的应力状态有关。当使用非偏心的单孔圆模挤压时，在轴对称的变形条件下，应力状态也属于轴对称，挤压制品应平稳流出，即在其他条件一定时既不弯曲，也不扭转；当使用偏心模挤压时，由于应力状态的对称性在某方位上被破坏，引起了金属供应体积的改变，致使产生了不对称的金属流动和不相等的金属流动速度，所以挤压制品出模孔时产生了弯曲。

四、实验设备及材料

实验所用的设备和材料如下：

（1）设备：60kN 万能材料实验机；

（2）工具：挤压工具 1 套、游标卡尺和钢尺各 1 把、锯弓 1 把；

（3）锭坯：ϕ31.5mm × 75mm 组合式铅锭 2 只。

五、实验内容及步骤

按照实验内容和步骤进行操作，具体如下：

（1）编写实验程序。

（2）偏心模的模孔应远离操作者，6 个小组除都做锭坯组合面与模孔对称轴重合（0°）内容外，还分别做锭坯组合面与模孔对称轴呈 45°及锭坯组合面与模孔对称轴垂直成 90°时的实验。

（3）切下已挤成小断面的部分，测量两半的重量和断面面积，计算两者的平均流出速度，使之与模孔不偏心时的理论流出速度进行对比。

（4）观察不同角度的死区高度，网格变化及锭坯与挤出部分的中心线。

六、实验报告要求

实验后每个人都必须书写实验报告，报告要求写明实验名称，主要内容包括：
（1）偏心孔模挤压时的后果及产生原因的分析；
（2）原始断面上各点开始流动的起点分析；
（3）应力大小与金属供应体积的分析。

实验四 分流模挤压对挤压力及制品焊缝质量的影响

一、专业知识

挤压分流模一般是由上模、下模、定位销和连接螺钉四部分组成。在上模有分流孔、分流桥、模芯，在下模有焊合室、模孔型腔、工作带和空刀。

(1) 分流孔是金属通往型孔的通道。分流孔数目根据空心型材的断面形状复杂程度，一般为2~4个。其断面形状对圆断面管材和对称轴多的简单断面型材多为圆形，对复杂断面型材多为扇形、扁椭圆形和不规则矩形等。分流孔的位置和面积对制品的质量皆有影响。

分流孔面积与制品断面积的比值 $\lambda_f = F_f/F_1$，λ_f 应等于 $\sqrt{\lambda}$，λ 为挤压时的延伸系数。一般 λ_f对空心型材取10~30，对管材取5~10。分流孔中心圆的直径应等于 $0.7D_0$，此时的挤压力最小。分流孔道以锥形的，即与焊合室相接的一端面大些为好，因为这样不仅可降低突破挤压力（挤压开始时的最大挤压力），还可改善焊缝的质量。

(2) 分流桥是支撑模芯的支架，其结构对金属流速、焊缝质量、焊合室压力和模具强度都有影响。分流桥宽度小些可以降低压力，但从改善金属流动均匀性考虑，模孔最好能被分流桥遮蔽，因而其宽度大些较适合。一般可取：

$$B = b + (3 \sim 20) \tag{2-3}$$

式中 B——分流桥宽度，mm；

b——型材空心部分的宽度，mm。

制品外形及空心尺寸大的取下限，反之取上限。

分流桥的锥角 β_d对焊合室中的压力有影响。β_d角越大，压力也越大。有时为了调整金属流速，用改变分流桥的形状和尺寸的办法更好些。另外，将位于焊合室中的舌芯车出细颈，因增加了焊合室的容积和焊合变形时间，有助于提高焊缝质量。

(3) 模芯是用来形成型材内腔的形状和尺寸。

(4) 焊合室是金属流会合焊接的地方。焊合室把分流孔流出来的金属汇集在一起重新焊合起来形成以模芯为中心的整体料，由于金属不断聚集，静压力不断增大，直至把金属挤出模。焊合室的大小和高度对型材焊缝的质量和尺寸精度都有很大的影响。只有在焊合室断面面积与制品断面面积之比较大时，才能保证建立起足够的静压力使焊缝牢固。

焊合室高度 h_1 大，则有利于焊合；但太大又会降低舌芯的稳定性，导致壁厚不均匀。焊合室的高度可根据挤压筒内径 D_0 的大小确定：

$D_0 = 115 \sim 130\text{mm}$，$h_1 = 10 \sim 15\text{mm}$

$D_0 = 190 \sim 200\text{mm}$，$h_1 = 20 \sim 25\text{mm}$

$D_0 = 220 \sim 280\text{mm}$，$h_1 = 30\text{mm}$

$D_0 = 300\text{mm}$，$h_1 = 40\text{mm}$

(5) 模孔型腔的工作带可以确定型材的外部尺寸和形状以及调节金属流速。

(6) 空刀是为了减少摩擦，使制品得以顺利通过，保证表面质量。

(7) 定位销是用来进行上下模的装配定位，而连接螺钉把上下模联结在一起。

二、实验目的

本实验的目的如下：

（1）加深认识分流模结构对挤压力、制品焊缝质量的影响。

（2）了解焊合室高度、挤压比大小对挤压力及制品焊缝强度的影响。

三、实验原理

分流模挤压时，锭坯在强大压力的作用下，被模子上的刀（也称作桥）分成几股金属流流入模孔，借助模壁和穿孔针所给予的压力使金属重新焊合起来形成空心制品。制品上的焊缝数与金属流的股数相同，焊缝的强度与分流孔面积、挤压比以及焊合室内的高度有关。此外，分流模挤压时挤压力也比较高。但是如果模子设计不合理，将导致管材焊缝强度降低，同时也会增大挤压力，造成模具损耗增多。

四、实验设备及材料

实验所用的设备和材料如下：

（1）设备：60kN 万能材料实验机。

（2）工具：分流模 6 套、挤压工具 1 套、钢锯 1 把、坐标纸 1 张、秒表 1 块。

（3）锭坯：$\phi 31.5\text{mm} \times 75\text{mm}$ 的锭坯。

五、实验内容及步骤

本实验内容主要包括：分流孔面积大小对挤压力及制品焊缝强度的影响，焊合室高度对挤压力及制品焊缝强度的影响，挤压比大小对挤压力及制品焊缝强度的影响。

具体实验步骤如下：

（1）锭坯准备：擦拭干净锭坯外表面。

（2）按照第三章实验一的方法，先将挤压模具及锭坯装好，并置于材料实验机活动横梁中间。

（3）挤压实验：

1）挤压操作同第三章实验二，但是锭坯从开始受力时起，控制挤压行程 L。

2）挤压完毕取下挤压筒及挤压轴，并锯下制品，同时把模座移开，并换上脱模座，再把挤压筒置于脱模座上，装上长挤压轴，然后开动材料实验机，快速推出模子组装件及压余等。

六、实验报告要求

实验后每个人都必须书写实验报告，报告要求写明实验名称，主要内容包括：

（1）用较透明的纸，描绘坐标纸上的几条曲线，分析这几条曲线不能重合的原因，即分析条件改变对挤压力大小的影响。

（2）仔细观察焊缝情况，分析造成焊缝强度不同的原因。

（3）将计算实验数据记录于表 2-3。

表 2-3 实验数据

锭坯尺寸 $D \times L$ /mm × mm				
挤压筒直径 D_0/ mm				
挤压比 λ				
挤压速度	总行程 L/mm			
	总时间 t/s			
	速度 v/mm · s^{-1}			
润滑条件				
挤压方法				
模孔尺寸/mm	直径 d			
	长度 L			
死区高度 h_s/mm				
挤压力/N	最大力 P_{max}			
	最小力 P_{min}			
推动力 P'/N				
摩擦应力 1 τ_1 /MPa				
摩擦应力 2 τ_2 /MPa				
流动类型				

实验五　拉线的安全系数及拉伸力的测量实验

一、专业知识

为了获得一定尺寸、形状、机械性能和表面质量的优良制品，一般要将坯料经过几次拉拔来完成。拉拔配模设计或称为拉拔道次计算，就是根据成品的要求（有时还包括坯料尺寸）来确定拉拔道次及各道次所需模孔形状、尺寸的工作。

拉拔过程是在被加工的金属前端施加拉力而完成的，其中被拉出模孔的线材内存在的拉伸应力 σ_z 可表示为：

$$\sigma_z = \frac{P_1}{F_1}$$

式中　P_1——稳定拉伸时的拉伸力，kg；

F_1——拉伸后材料面积，mm^2。

实现拉拔过程的必要条件为：作用在被拉金属出模口断面上的拉拔应力 σ_z 与金属出模口后屈服强度的关系需满足 $\sigma_z < \sigma_s$，对于有色金属来说，由于屈服强度不明显，确定困难，加上在加工硬化后屈服强度 σ_s 与其抗拉强度 σ_b 相近，因此拉拔必要条件可表示为：

$$\sigma_z < \sigma_b$$

被拉金属出模口的抗拉强度 σ_b 与拉拔应力 σ_z 之比称为安全系数 K，所以实现拉拔过程的必要条件是 $K > 1$。安全系数与被拉金属的直径、状态（退火或硬化）以及变形条件（温度、速度、反拉力等）有关。一般 K 在 1.40 ~ 2.00 之间，即 $\sigma_z = (0.7 \sim 0.5)\sigma_b$，如果 $K < 1.40$，则由于加工率过大，可能出现断头、拉断；当 $K > 2.00$ 时，则表示道次加工率不够大，未能充分利用金属的塑性。制品直径越小，壁厚越薄，K 值应越大。这是因为随着制品直径的减小，壁厚变薄，被拉金属对表面微裂纹和其他缺陷以及设备的振动，还有速度突变等因素的敏感性增加，因而 K 值相应增加。

安全系数 K 与制品品种、直径的关系见表 2-4。

表 2-4　不同制品的安全系数 *K*

制　品	厚壁管材型材和棒材壁厚 h /mm	薄壁管材型材和棒材壁厚 h /mm	线材的直径/mm				
			>1.0	1.0 ~ 0.4	0.4 ~ 0.1	0.01 ~ 0.05	0.05 ~ 0.015
安全系数 K	>1.35 ~ 1.4	1.6	≥1.4	≥1.5	≥1.6	≥1.8	≥2.0

对钢材来说，σ_s的确定也不很方便，σ_s是变量，它取决于变形的大小。一般来说，习惯采用拉拔钢材头部的断面强度（即拉拔前材料的强度极限）确定拉拔必要条件较为方便，实际上拉拔条件被破坏主要是断头的问题。因此，在配模计算时拉拔应力 σ_z的确定，主要根据实际经验 $\sigma_z <$（0.8 ~ 0.9）σ_b，安全系数 $K > 1.1 \sim 1.25$。

由此可见，配模设计的原则就是在保证实现拉拔过程的必要条件下，尽可能增大每道次延伸量。

二、实验目的

本实验的目的在于，通过测定拉线时的 K 值来了解求安全系数的方法，满足 K 值范围的拉伸配模设计是较好的工艺设计。

三、实验原理

正确的配模设计，除了满足制品在尺寸、形状、机械性能和表面质量等方面的要求，还应保证在尽量减少断头、拉断次数和裂纹、裂口等缺陷的情况下，减少拉拔道次以提高生产率和设备的利用率。因此进行拉伸配模设计的，应考虑以下 3 点：

（1）拉伸力不能超过设备能力。

（2）充分利用金属塑性（即减少拉伸道次）。

（3）出口处拉伸应力 σ_z 应比此处材料的 σ_s（或 σ_b）小（即不断头）。

与挤压、轧制、锻造等加工过程不同，拉拔过程是借助于被加工的金属前端施以拉力实现的。如果拉拔应力过大，超过金属出模口的屈服强度，则可引起制品出现细颈甚至拉断。因此拉伸时，应保证被拉出模孔的线材内存在的拉伸应力 σ_z 应满足：

$$\sigma_z > \sigma_s \quad 即 \quad \frac{\sigma_s}{\sigma_z} > 1$$

否则，拉伸后的材料会因“过拉”而出现细颈断头，因此可用安全系数 K 来表示此比值：

$$K = \frac{\sigma_s}{\sigma_z} > 1 \quad 或 \quad K = \frac{\sigma_b}{\sigma_z} > 1$$

K 的实验取值见表 2-5、表 2-6。

表 2-5　铜及铜合金 K 值

产品品种类型	K 值
铜　管	1.20～1.25
HSn70-1	1.10～1.35
HAl77-2	1.10～1.25
H_{68}	1.10～1.55
H_{62}	1.25～1.55
白铜管	1.15～1.40
镍及镍合金管材	1.20～1.35

表 2-6　铝及铝合金 K 值

产品品种类型	成品直径/mm	K 值
线　材	16.00～4.50	1.30～2.0
	4.49～1.00	1.40～2.0
	0.99～0.40	1.60～2.4
	0.39～0.10	1.80～2.7
棒材、型材、厚壁管材		1.35～1.40

续表 2-6

产品品种类型	成品直径/mm	K 值
薄壁管材		1.6
特薄壁管材、外形复杂型材		2.5 或 >1.6
成品定径		2.00 ~ 2.50

一般 K 的取值在 1.40 ~ 2.00 范围内，即拉伸应力 σ_z 应控制在（0.7 ~ 0.5）σ_b 范围内既可充分利用金属塑性又可减少断头，当 $K<1.4$ 时不安全，易断头，当 $K>2.0$ 时过于安全，未能充分利用金属塑性，道次多。

四、实验设备及材料

实验所用的设备和材料如下：

（1）设备：LJ500 拉力实验机；

（2）工具：拉伸模架 1 只、拉伸模 1 套、千分卡尺 1 把、钢丝 1 把、秒表 1 块；

（3）锭坯：ø3.0mm 铝线坯（$M_{态}$）、ø3.0mm 铜线坯（$M_{态}$）；

（4）润滑剂：蓖麻油、肥皂水。

五、实验内容及步骤

根据表 2-7 的内容进行实验。

表 2-7　实验内容

拉伸条件	实验小组					
	一	二	三	四	五	六
拉伸速度 v/mm · min^{-1}	60	88	60	88	60	88
润滑条件	肥皂水				蓖麻油	
实验材料	铜		铝		铝	

按照实验内容和步骤进行操作，具体如下：

（1）拉伸实验。

1）测量坯料直径：测量 3 次取平均值 D_0；

2）装模架：固定上机头后安装拉伸模架，将浸有规定润滑油的料头插入模孔内以保证模孔润滑，将其放到模架上，注意对中，松开上机头，快速提升下机头，用下钳口钳住料头；

3）按规定速度拉伸，记录稳定时的拉伸力 P_1，应注意模子喇叭口内的油量，并观察即将全部拉出模孔时的拉伸力变化情况；

4）待试件全部拉伸完后，停机，取出线材；

5）测量线材直径（测 3 次取平均值）D_1；

6）按 1）~5）实验步骤，将各坯料分别拉过各模子，直至经较小的模子拉伸时断头为止；

7）取下模架，换上机头的钳口。

（2）拉力实验。

1）将拉伸后的线材依次剪去夹头和不规则尾部，进行拉力试验，至拉断为止，记录此时的力 P_0 值；

2）测量缩颈处的线材直径 d_s，记录于表2-8；

3）按表格计算 σ_z、σ_b 和安全系数 K。

六、实验报告要求

实验后每个人都必须书写实验报告，报告要求写明实验名称，主要内容包括：

（1）按下表表格形式计算整理，填入表2-8；

（2）为什么拉伸配模设计中要校核安全系数，分析其原因；

（3）对所观察到的问题进行分析。

表2-8 实验数据

<table>
<tr><th colspan="8">拉伸实验部分</th><th colspan="4">拉力试验部分</th><th colspan="2">结论部分</th></tr>
<tr><th rowspan="2">序号</th><th colspan="2">拉伸前线坯尺寸</th><th colspan="2">拉伸后线坯尺寸</th><th rowspan="2">道次延伸系数 λ_n①</th><th rowspan="2">拉伸力 P_1/N</th><th rowspan="2">拉伸应力 σ_z②/MPa</th><th colspan="2">拉断后尺寸</th><th rowspan="2">拉断力 P_b/N</th><th rowspan="2">抗力强度 σ_b③/MPa</th><th rowspan="2">安全系数 K④</th><th rowspan="2">拉伸配模采用的延伸系数 λ</th></tr>
<tr><th>直径 D_0/mm</th><th>面积 F_0/mm²</th><th>直径 D_1/mm</th><th>面积 F_1/mm²</th><th>直径 d_s/mm</th><th>面积 F_s/mm²</th></tr>
<tr><td></td><td></td><td></td><td></td><td></td><td></td><td></td><td></td><td></td><td></td><td></td><td></td><td></td><td></td></tr>
<tr><td></td><td></td><td></td><td></td><td></td><td></td><td></td><td></td><td></td><td></td><td></td><td></td><td></td><td></td></tr>
<tr><td></td><td></td><td></td><td></td><td></td><td></td><td></td><td></td><td></td><td></td><td></td><td></td><td></td><td></td></tr>
<tr><td></td><td></td><td></td><td></td><td></td><td></td><td></td><td></td><td></td><td></td><td></td><td></td><td></td><td></td></tr>
</table>

①$\lambda_n = \frac{F_0}{F_1}$；

②$\sigma_z = \frac{P_1}{F_1}$；

③$\sigma_b = \frac{P_b}{P_s}$；

④$K = \frac{\sigma_b}{\alpha_z}, K = 1.4 \sim 2.0$。

实验六　最大咬入角的测定

一、专业知识

在一个道次里，轧件的轧制过程可以分为开始咬入、拽入、稳定轧制和轧制终了4个阶段，如图2-4所示。

（1）开始咬入阶段：轧件开始接触到轧辊时，由于轧辊对轧件的摩擦力作用，实现了轧辊咬入轧件。开始咬入为一瞬间完成，如图2-4（a）所示。

（2）拽入阶段：一旦轧件被旋转的轧辊咬入后，由于轧辊对轧件的作用力变化，轧件逐渐被拽入辊缝，直至轧件完全充满辊缝为止。即轧件前端到达两辊连心线位置，如图2-4（b）所示。

（3）稳定轧制阶段：轧件前端从辊缝出来后，轧制过程连续不断地稳定进行。整个轧件通过辊缝承受变形，如图2-4（c）所示。

（4）轧制终了阶段：从轧件后端进入变形区开始，轧件与轧辊逐渐脱离接触，变形区逐渐变小，直至轧件完全脱离轧辊被抛出为止，如图2-4（d）所示。

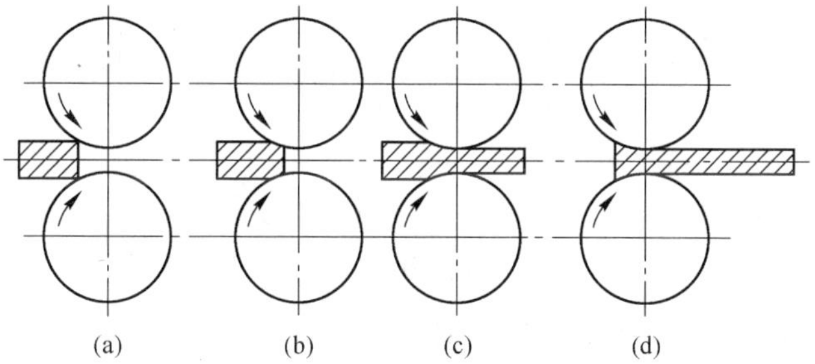

图2-4　轧制过程

（a）开始咬入；（b）拽入；（c）稳定轧制；（d）抛出

轧制过程能否建立，首先决定于轧件能否被旋转的轧辊咬入。轧件能否被轧辊顺利咬入是与轧辊和轧件的尺寸、压下量、施加外力，特别是轧辊与轧件接触面上的摩擦状况有关。

轧件被轧辊咬入的条件为$\beta \geqslant \alpha$。当$\alpha < \beta$时，为自然咬入条件，它表示只有轧辊对轧件的作用力，而无其他外力作用时，轧件被轧辊咬入的条件，必须使摩擦角β大于咬入角α，这是咬入的充分条件。当$\alpha = \beta$时，为咬入的临界条件，把此时的咬入角α称为最大咬入角，用α_{max}表示。

而稳定轧制的条件为：$\beta \geqslant \frac{\alpha}{2}$或$2\beta \geqslant \alpha$。

二、实验目的

本实验的目的如下：

（1）求出开始咬入时的最大咬入角和稳定轧制中最大接触角；

（2）研究不同条件下咬入角的数值，并分析不同工艺因素对咬入角的影响；

（3）求出不同条件下的摩擦系数f值。

三、实验原理

轧制过程中能否开始进行的第一个关键问题就是轧件的咬入。咬入时的最大咬入角是用稳定轧制时的接触角 α 来计算的，咬入条件为 $\beta \geqslant \alpha$。轧制一被咬着并迅速进入轧辊的拽入过程中，轧制压力作用点也随之由变形区的入口端向出口端移动，合压力作用角也逐渐减小。当轧件完全充满辊缝后，此时轧制过程建立，合压力作用角达到最小值。如果接触表面上的单位压力沿接触弧均匀分布，则轧制压力作用点将在接触弧的中点。此时合压力作用分解为 $\alpha/2$，那么稳定轧制条件为 $\alpha/2 \leqslant \beta$，即 $\alpha \leqslant 2\beta$。

但实际上沿接触弧上单位压力分布是不均匀的，因此 α 与 β 的关系为 $\alpha \leqslant (1.5 \sim 2)\beta$，由一系列实验可测得。

四、实验设备及材料

实验所用的材料和设备如下：

（1）实验所用工具：锉刀、干净白布或棉纱、涂油或粉用的刷子、推料用的木板、游标卡尺、机油、干粉、汽油；

（2）二辊不可逆轧机：辊径 ø129.5mm，辊身长 265mm，辊速 19r/min，主电机功率 $N = 4.5$kW；

（3）实验材料：尺寸为 10mm × 40mm × 80mm 的炮形铅试件。

五、实验内容及步骤

测定最大咬入角的数值：

采用轧辊逐渐张开法试验，即调整上轧辊的位置，使之利于咬入，然后测出 H、h、D，由公式 $\cos\alpha = 1 - \dfrac{H-h}{D}$ 及 $\alpha \leqslant \beta$ 求出轧制条件下的摩擦系数 f，以及 $\alpha = \beta$ 时最大咬入角的值。

（1）具体内容有：

1）以铅为原料，测定干燥辊面状态下，不加外力使轧件咬入，求 α_{max} 和 f；

2）以铅为原料，测定干燥辊面状态下，加适当外力推着轧件咬入，求 α_{max}；

3）以铅为原料，测定在辊面上涂粉润滑时不加外力送入时轧件的 α_{max} 和 f；

4）以铅为原料，测定在辊面上涂油润滑时不加外力送入时轧件的 α_{max} 和 f。

（2）实验方法及准备工作：

1）实验轧机特性：二辊不可逆轧机，辊径 ø129.5mm，辊身长 265mm，辊速 19r/min，主电机功率 $N = 4.5$kW。

2）试件准备：取四块铅试件，尺寸为 10mm × 40mm × 80mm 的炮形试件。如图 2-5 所示，将 10mm × 40mm 的端面用锉刀修整成规则矩形，使其棱角呈 90°，而不应有歪扭。

3）实验方法：

①先测量试件的高度 H，如尺寸不一则取平均值；

②试验时，先将上辊调至辊缝小于轧件厚度，根据实验条件不同而异；

③送试件轻靠轧辊，如不能咬入则应将上

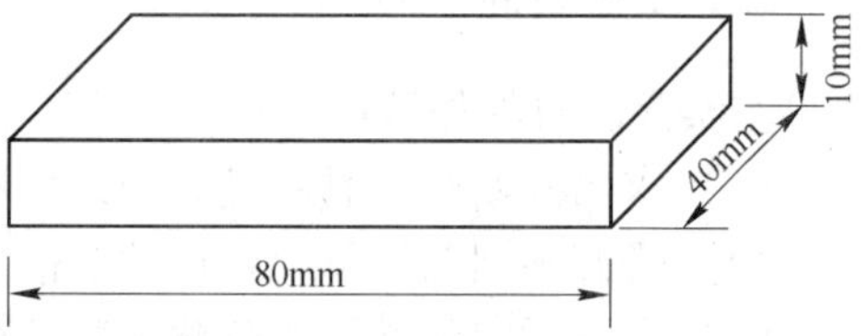

图 2-5 矩形试件

辊调高，直到轧件咬入为止；

④取出轧件测量厚度 h；

⑤如加外力时用木板用力推着轧件咬入；

⑥在涂油或涂粉时应将油或粉均匀地涂在辊面上，实验完后将辊面用汽油和棉纱轻擦干净。

4）实验记录于表 2-9。

表 2-9　实验数据

试件编号	试验条件	原始高度 H/mm	轧制后高度 h/mm	高度差 Δh/mm	接触角余弦 $\cos\alpha$	接触角 α/（°）	摩擦系数 f
1	辊面干燥不加外力						
2	辊面干燥加外力						
3	辊面涂粉不加外力						
4	辊面涂油不加外力						
5	楔形试件						

测量稳定轧制过程建立时的最大接触点：

（1）实验内容：

取一块楔形试件，如图 2-6 所示，先使小头一端咬入，待压下量超过上限时，试件卡在辊间不能前进，而辊子在金属表面滑动，即出现打滑现象。此时立即停止轧辊传动，同时抬起上辊，取出试件测量 H、h 及 D，按下式求出最大接触角：

$$\cos\alpha = 1 - \frac{H_{max} - h}{D}$$

并根据打滑时 $\alpha = 2\beta$，则 $\beta = \alpha/2$，即可求出打滑时的摩擦系数 f，$f = \tan\frac{\alpha}{2}$。

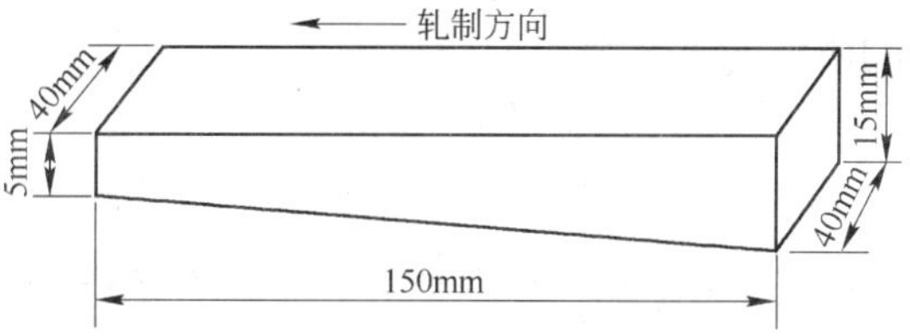

图 2-6　楔形轧件的尺寸示意图

（2）实验方法：

1）实验前应修正边角，擦净表面；

2）先将上轧辊抬起，调整压下使轧件能咬入进行轧制；

3）一旦打滑应立即停轧机，抬辊将试件退出，测量 h 和 H_{max} 的数值。

六、实验报告要求

实验后每个人都必须书写实验报告，报告要求写明实验名称，主要内容包括：

（1）由实验结果讨论外加力、摩擦系数及压下量大小对咬入的影响；

（2）根据实验结果讨论生产中改善咬入的措施；

（3）将实验数据整理并记录于表 2-9 中。

实验七 平辊轧制前滑的测定

一、专业知识

(1) 前滑的定义:

轧件的出口速度大于该处轧辊圆周速度的现象称为前滑。前滑值的大小是由轧辊出口断面上轧件与轧辊速度的相对差值来表示的:

$$S_h = \frac{v_h - v}{v} \times 100\%$$

式中 S_h——前滑值,%;

v_h——轧件出口速度, mm/s;

v——轧辊的圆周速度, mm/s。

(2) 前滑的测定:

$$S_h = \frac{v_h t - vt}{v} = \frac{L_h - L_0}{L_0} \times 100\%$$

式中 L_h——在时间 t 内轧出的轧制长度, mm;

L_0——在时间 t 内轧辊表面任一点所走的距离, mm。

在实际中, 前滑值一般为 2% ~10%。按上式用实验方法测定前滑比较容易, 而且准确。

二、实验目的

通过实验认识轧制时前滑现象, 并测定不同条件 (摩擦、轧件厚度、相对压下量) 下的前滑值, 从而了解影响前滑的工艺因素。

三、实验原理

轧件的出口速度 v_h 大于轧辊在该点处的线速度 v, 即 $v_h > v$, 这种现象称为前滑。前滑值的大小是由轧辊出口断面上轧件与轧辊速度的相对差值来表示的:

$$S_h = \frac{v_h - v}{v} \times 100\% = \frac{L_h - L_0}{L_0} \times 100\%$$

实验采用刻痕法来测前滑, 用冲子在轧辊表面上打出距离为 L_0 的两个小坑, 轧制后小坑在轧件上的压痕距离为 L_h, 如图 2-7 所示。

若用 E. Fink 简化的前滑公式计算前滑, 则:

$$S_h = \frac{\gamma^2}{2}\left(\frac{D}{h} - 1\right)$$

或

$$S_h = \frac{\gamma^2}{h}R$$

式中 γ——中性角, $\gamma = \frac{\alpha}{2}\left(1 - \frac{\alpha}{2\beta}\right)$;

α——咬入角，(°)；

β——摩擦角（可根据咬入实验所得数据）；

D——轧辊直径，mm；

h——轧件轧后的厚度，mm。

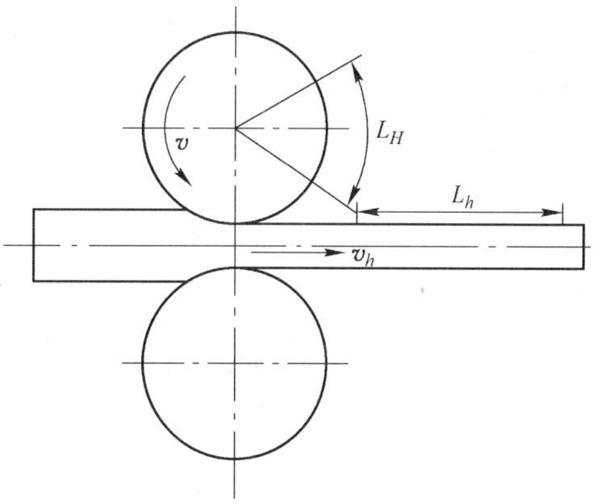

图 2-7 前滑测定实验示意图

四、实验设备及材料

实验所用的设备和材料如下：

（1）设备：二辊不可逆轧机技术特性：轧辊尺寸（ø114mm），电机功率（20kW），轧机速度（0.1m/s）；

（2）工具：钢卷尺、钢钻、游标卡尺、外卡钳、剪床或剪刀；

（3）试件：尺寸为 2.5mm × 40mm × 450mm 的铝板；

（4）其他：汽油、机油、蓖麻油、棉纱等；

（5）注意：在辊面上用钢钻打 2 个小坑，最好 1 个孔。

五、实验内容及步骤

按照实验内容和步骤进行操作，具体如下：

（1）在干燥辊面条件下测定前滑，应认真用棉纱、汽油轻擦轧辊和试样，严格保持干燥条件。

（2）在涂油辊面条件下测定前滑，涂机油或蓖麻油均可，但蓖麻油的润滑性能更好，摩擦系数小，会使前滑出现负值。注意油不能涂得太多，而且要均匀，不要每道次都涂油，否则咬入困难，甚至完全打滑。

（3）为保持一定相对加工率，两块料应大致按 10%、20%、30%、40%、50% 左右分配道次压下量，轧 5 ~ 6 道次，料轧长后应剪断再压，注意仔细调好压下刻度。

（4）每道轧制后应用游标卡尺测量 H、h，同时用钢卷尺测量轧件表面两印迹凸点之间的距离 L_h，而 L_0 值由式 $L_0 = \pi D$ 计算得出。

（5）轧制前后 H、h 的测量，应以料的中间厚度为准，或取中间厚度沿长度方向 3 点的平均值，L_h 的测定时两印迹位置要相对立，每次测量要保持相同的位置（即料的前端或后端），如果板面上印出两段 L_h 时注意这一点。

（6）用公式 $S_h = (L_h - L_0) \times 100\% / L_0$ 计算出实测前滑值，将所有数值填入表 2-10，并按 E. Fink 简化的前滑公式 $S_h = Rr^2/h$ 及临界角公式 $r = (\alpha/2) \times (1 - \alpha/(2\beta))$，求出干燥辊面理论前滑值。$\beta$ 取自实验相似情况；干燥辊面轧铝时 $f = 0.136 \sim 0.160$，涂油后轧铝时，蓖麻油 $f = 0.057$，机油 $f = 0.09 \sim 0.12$。α 可用压下量及辊径按公式 $\alpha = \sqrt{\Delta h/R}$ 或 $\cos\alpha = 1 - \Delta h/D$ 求得。

（7）送料时要对准辊身中部，待轧辊上小孔即将转向送料方向马上送料。送料与接料与测量人员要密切配合，按要求进行操作保证测量精度。

表 2-10 实验数据

1	2	3	4	5	6	7	8	9	10	11	12	13	14
辊面状态	道次	轧制前厚度 H/mm	轧制后厚度 h/mm	厚度差 Δh/mm	变形率 ε/%	轧制长度 L_h/mm	轧辊表面点所走的距离 L_0/mm	前滑实验值 S_h/%	余弦 $\cos\alpha$	咬入角 α/(°)	咬入角 α/rad	临界角 γ/rad	前滑值 S_h/%
干燥辊面	1												
	2												
	3												
	4												
	5												
	6												
涂油辊面	1												
	2												
	3												
	4												
	5												
	6												

六、实验报告要求

实验后每个人都必须书写实验报告，报告要求写明实验名称，主要内容包括：

(1) 在干燥辊上轧制时，作出前滑值 S_h（实验值与计数值）与加工率 ε 的关系曲线，分析两者差别的原因；

(2) 作出干燥辊面和涂油辊面状态时的实测前滑值 S_h 与加工率的关系曲线；

(3) 讨论辊面状态与压下量等对前滑的影响，并分析实验中所观察到的现象（如前滑值出现负值等）。

实验八　金属轧制过程中轧制力的测定

一、专业知识

轧制力一般采用测力传感器来完成。从传力方式上轧制力测量有两种：直接测量和间接测量，直接测量传感器一般称为支撑式测力传感器。这种传感器位于轧制力传递线上，直接承受轧制压力，利用机—电转换效应将轧制压力变换成与之有一定对应关系的电信号。间接测量用传感器一般称为附着式测力传感器，轧机上凡直接承受轧制力的零件都会产生与轧制力相对应的变形，这种传感器就是通过测量这些零件的变形间接测量轧制力。支撑式和附着式测力传感器在轧机上的位置如图 2-8 所示。

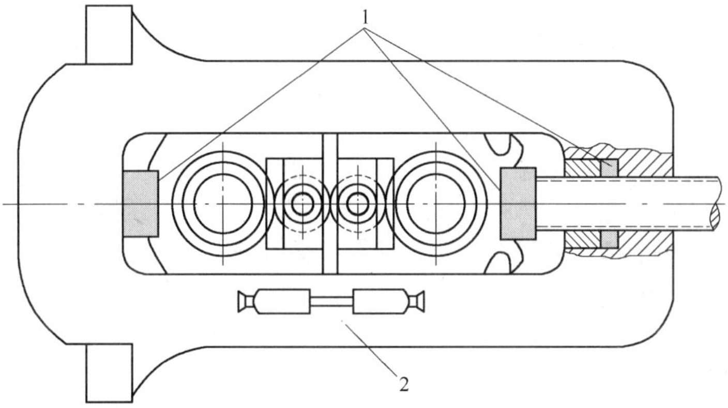

图 2-8　支撑式和附着式测力传感器在轧机上的位置
1—支撑式轧制力传感器；2—附着式轧制力传感器

二、实验目的

本实验的目的如下：

(1) 熟悉压力传感装置的使用；

(2) 利用压力传感装置测定轧制力。

三、实验原理

(一) 电阻应变式传感器测量原理

电阻应变式传感器是利用金属丝在外力作用下发生机械变形时，其电阻值将发生变化的电阻应变效应，将其转换为电量输出的一种传感器。一个典型的电阻应变式支撑传感器是用一个圆柱体作为弹性元件。圆柱体在轧制力作用下产生形变使得应变片的电阻发生变化，将这些应变片按一定的方式连接起来，再接入惠斯通电桥，就可得到一个与轧制力成比例关系的输出电压，从而将力参量转变成了电信号。

（二）柱形弹性体及电阻应变片传感器工作原理

柱形弹性体及电阻应变片传感器工作原理如图 2-9 所示。

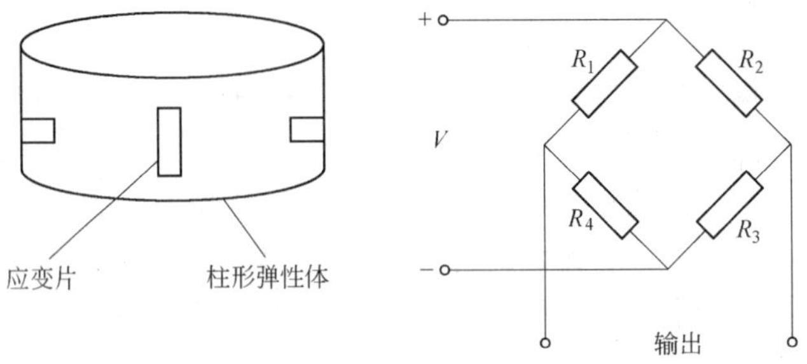

图 2-9 柱形弹性体及电阻应变片传感器工作原理

（1）轧制力的测量是通过安装在轧机上的压电式传感器测得再经过信号放大器放大信号来获取，其中稳态信号是经过指示表来读取，动态信号则是经 8 线函数记录仪来获取；

（2）轧制速度的测量是通过测速电机经传感器测得再经过信号放大器放大信号来获取，其中稳态信号是经过指示表来读取，动态信号则是经 8 线函数记录仪来获取；

（3）前后张力测量是通过张力筒上的测力传感器测得经信号放大器放大信号来读取；

（4）弯辊力、乳液流量经过传感器测得经指示表读区；

（5）轧件温度是通过热电偶测得的模拟信号经模/数（A/D）转换器转换为数字信号再经指示表来读取；

（6）轧件厚度、压下量、宽度采用相应常规方法，进行多点重复检测而直接获取。

测试内容及方法的框图如图 2-10 所示，测试数据转换程序框图如图 2-11 所示。

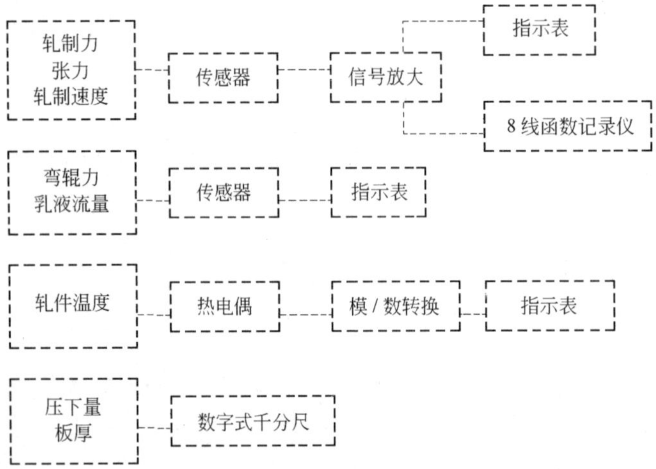

图 2-10 测试内容及方法的框图

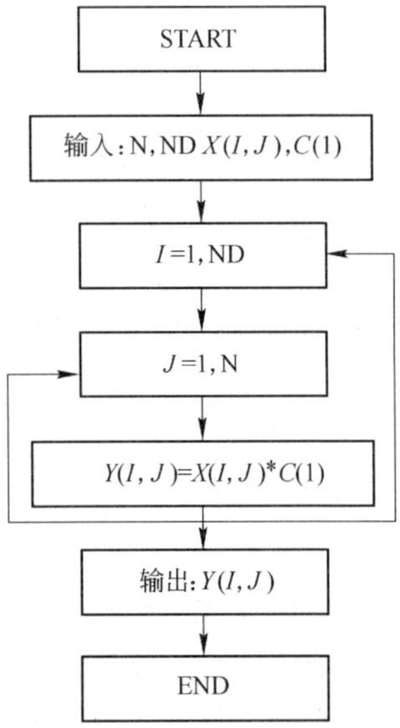

图 2-11 测试数据转换程序框图

四、实验设备及材料

实验所用的设备和材料如下：

(1) 压力传感装置；

(2) ø130mm 小型轧机；

(3) 纯铝锭。

五、实验内容及步骤

按照实验内容和步骤进行操作，具体如下：

(1) 测量纯铝锭的厚度，确定压下量；

(2) 预调好轧辊辊缝间距；

(3) 启动轧机，进行轧制；

(4) 得到轧制动态信号；

(5) 通过得到的信号求出轧制力、张力、轧制速度等。

六、实验报告要求

实验后每个人都必须书写实验报告，报告要求写明实验名称，主要内容包括：

(1) 分析轧制力测试的原理；

(2) 分析并写出传感器工作原理。

实验九 金属室温压缩及塑性流动规律

一、专业知识

金属塑性加工时，质点的流动规律可以应用最小阻力定律分布。最小阻力定律可以表述为：变形过程中，物体各质点将向着阻力最小的方向移动，最小阻力定律符合力学的一般原则，它是塑性成形加工中最基本的规律之一。

通过调整某个方向的流动阻力来改变某些方向上金属的流动量，以便合理成形，消除缺陷。例如，在模锻中增大金属流向分型面的阻力，或减小流向型腔某一部分的阻力，可以保证锻件充满型腔。在模锻制坯时，可以采用闭式滚挤和闭式拔长模膛来提高滚挤和拔长的效率。

利用最小阻力定律可以推断，任何形状的物体只要有足够的塑性，都可以在平锤头下镦粗使坯料逐渐接近于圆形。这是因为在镦粗时，金属流动距离越短，摩擦阻力也越小。方形坯料镦粗时，沿四边垂直方向摩擦阻力最小，而沿对角线方向阻力最大，金属在流动时主要沿垂直于四边方向流动，很少向对角线方向流动，随着变形程度的增加，断面将趋于圆形。由于相同面积的任何形状总是圆形周边最短，因而最小阻力定律在镦粗中也称为最小周边法则。

二、实验目的

本实验的目的如下：

（1）掌握常用液压机进行金属室温体压缩的实验技能；

（2）分析室温体压缩时金属塑性及其流动规律。

三、实验原理

利用液压压力机，以简单加载的方式，完成高塑性金属材料的室温体压缩试验。这种物理模拟试验方法，能够验证金属塑性流动的宏观规律（最小阻力定律）以及接触面上的外摩擦对塑性流动的影响。

金属的塑性是金属在外力作用下发生永久变形而又不破坏其完整性的能力。金属的塑性加工是以塑性为前提，在外力作用下进行的。金属塑性的大小，以金属塑性变形完整性被破坏之前的最大变形程度表示。这种变形程度数据称为“塑性指标”或称为“塑性极限”。但是，目前还没有某种实验方法能测量出可表示所有塑性加工条件下共用的塑性指标。

金属材料室温压缩试验法，也就是在简单加载条件下，其压缩前后的试样如图 2-12 所示。

用压缩试验法测定的塑性压缩率（ ε ），其数值由式 2-4 确定：

$$\varepsilon = \frac{h_0 - h_1}{h_0} \times 100\% \tag{2-4}$$

式中 h_0 ——试样原始高度，mm；

h_1 ——试样压缩至侧面目测观察出现裂纹时的高度，mm。

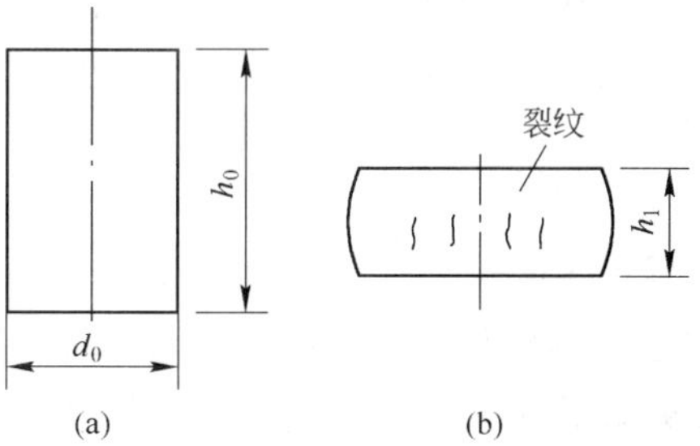

图 2-12　圆柱压缩前后的试样

(a)原始试样；(b)出现裂纹后的试样

按塑性压缩率（ ε ）的数据，材料可进行如下分类：$\varepsilon \geqslant 60\%$ ，为高塑性材料；$\varepsilon = 40\% \sim 60\%$ ，为中塑性材料；$\varepsilon = 20\% \sim 40\%$ ，为低塑性材料。

金属塑性加工时，质点的流动规律可以应用最小阻力定律分析。最小阻力定律可表述为：变形过程中，物体各质点将向着阻力最小的方向移动，即做最少的功，走最大的路。最小阻力定律实际上是力学质点流动的普遍原理，它可以定性地用来分析金属质点的流动方向。它把外界条件和金属流动直接联系起来。很直观并且使用方便。

当接触表面存在摩擦时，矩形断面的试样在压缩时的流动模型如图 2-13 所示。因为接触面上质点向周边流动的阻力与质点离周边的距离成正比，所以离周边的距离越近，阻力越小，金属质点必然沿这个方向流动，这个方向恰好是周边的最短法线方向。因此，可用点划线将矩形分成 2 个三角形和 2 个梯形，形成了 4 个流动区域。点划线是流动的分界线，线上各点至周边的距离相等，各个区域内的质点到各自边界的法线距离最短。这样流动的结果，矩形断面将变成双点划线所示的多边形。继续压缩，断面的周边将趋于椭圆。此后，各质点将沿着半径方向流动。由于相同面积的任何形状总是圆形周边最短，因而最小阻力定律在压缩中也称为最小周边法则。

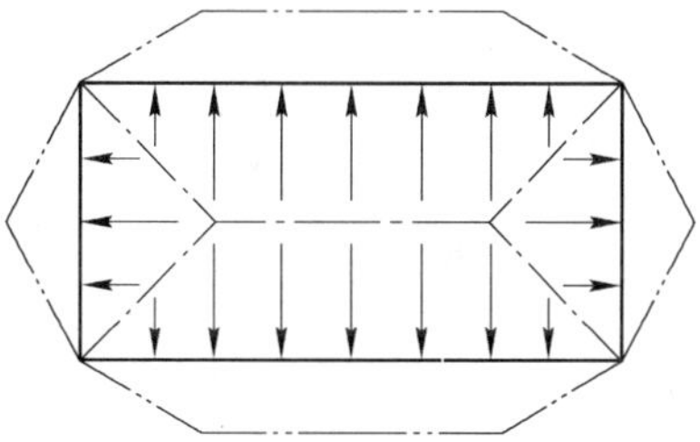

图 2-13　最小周边法则

四、实验设备及材料

实验所用的设备和材料如下：

（1）设备：液压压力机；

（2）模具：压缩试验模具；

（3）试样：低碳方钢，硬铝合金圆柱；

（4）润滑剂、清洗剂、测量工具。

五、实验内容及步骤

按照实验内容和步骤进行操作，具体如下：

（1）分组领取试样，讨论并制定压缩试验方案；

（2）压缩前，测量并记录试样的几何尺寸；

（3）添加润滑剂，开动液压机，做好安全防护后，按确认方案完成压缩；

（4）测量压缩后的试样几何尺寸，并记录压缩实验数据和结果。

六、实验报告要求

实验后每个人都必须书写实验报告，报告要求写明实验名称，主要内容包括：

（1）简述实验目的、内容、原理及试样材料、状态与润滑条件；

（2）记录压缩实验数据并计算压缩率，分析体压缩时金属塑性及其流动的影响规律；

（3）分析压缩实验时试样侧面产生裂纹的原因。

实验十　环形件模锻研究

一、专业知识

模锻是在模锻锤或压力机上用锻模将金属坯料锻压加工成形的工艺。与自由锻相比，模锻生产率要高几倍乃至几十倍，锻出的锻件形状复杂程度高，加工余量少，尺寸精确，锻件纤维分布合理，力学性能较高。但模锻锻模加工成本高，因而只适用于大批量生产。由于锻模时工件是整体变形，受设备能力限制，一般仅用于锻造450kg以下的中小型锻件。

图2-14为模锻用的锻模，由上下两个模块组成，模膛4是锻模的工作部分，上下模各一半。用燕尾1和楔2固定在锤砧和工作台上；并以锁扣3或导柱导向，防止上下模块错位。

金属坯料按模膛的形状变形。模锻的工序为制坯、预锻和终锻。环形件模锻是模锻的典型工艺之一。

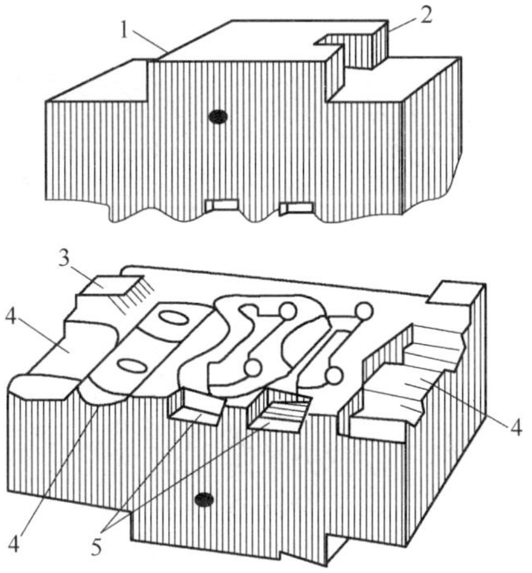

图2-14　锻模

1—燕尾；2—上模用楔；3—锁扣；4—模膛；5—下模用楔

二、实验目的

本实验的目的如下：

(1) 了解模锻环形件时各阶段金属流动的特性；

(2) 了解原毛坯尺寸对模锻过程的影响。

三、实验原理

模锻环形件时可以将金属流动情况分成如图2-15(a)~(d)所示。

第一阶段：开口冲孔阶段——金属与模子中间突起接触并开始冲孔，这一阶段除中间

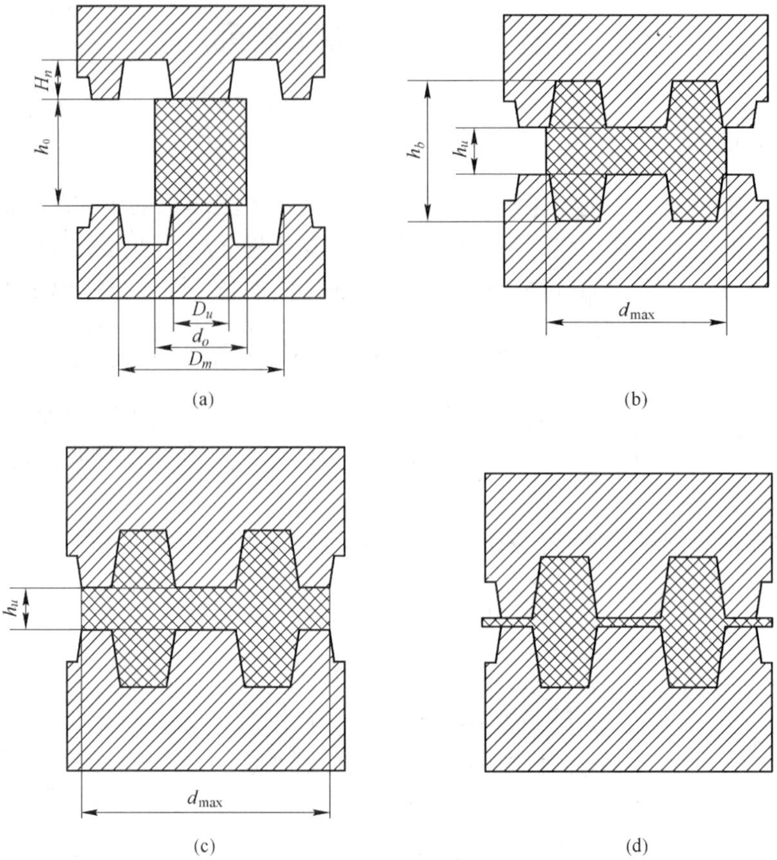

图 2-15 金属流动过程

（a）第一阶段开始；（b）第二阶段结束；（c）第三阶段结束；（d）第四阶段结束

冲头外，其他模壁都未与金属接触，故称开口冲孔，冲头向下压，挤出的金属沿直径方向流动，使直径方向尺寸增加，并因冲头压下使高度 h_b 减小，当金属与模壁 D_m 接触时开口冲孔阶段就告结束。

第二阶段：填满模腔阶段——金属导模壁 D_m 接触后开始产生毛边，这时金属流动性质与开口冲孔时完全两样，毛边产生了阻力，迫使金属填满模腔。

第三阶段：填满圆角阶段——当金属与模腔底部接触时，即 $h_b = h_u + 2H$ 时，第二阶段就结束，开始第三阶段填满圆角，这时 h_b 随模子压下程度而改变，同时流出更多的毛边，产生更大的阻力，使模子圆角填满，当模腔清晰地填满后，第三阶段结束。

第四阶段：锻足阶段，模腔已全部填满，若高度稍差，可再向下压，把多余金属挤出成为毛边，使锻件高度减少。

模锻时原毛坯尺寸对各阶段金属的变形过程有着重大影响，毛坯尺寸不合适就会产生夹层、填不满等的废品或金属消耗增加，即毛边尺寸增大，故选择最合适的毛坯尺寸就会使金属填满最好，而毛边尺寸最小，也就是当第一阶段开口冲孔结束时，金属流入模腔最多，填满情况最好，这样在以后各阶段中，只要出一点毛边，模腔就完全填满。

四、实验设备及材料

实验所用的设备及材料如下：

（1）100kN 万能材料实验机 1 台；

（2）环形锻模 1 套、游标卡尺 1 把、垫块 6 块、铅质试件 3 块（原坯料）。

1）第 1 号试件尺寸和原试件相同：$h_{01}=60\text{mm}, d_{01}=30\text{mm}$；

2）第 2 号试件尺寸是将原试件在轴压机上镦粗至：$h_{02}=32\text{mm}$，d_{02}（平均）= ____mm；

3）第 3 号试件尺寸是将原试件在轴压机上镦粗至：$h_{03}=20\text{mm}$，d_{03} = ____ mm。

五、实验内容及方法

按照实验内容和步骤进行操作，具体如下：

将毛坯放在模腔正中，每次压下量为 3～12mm，开始时压下量可大些，以后逐渐减少，并要特别注意求得各个阶段的尺寸。利用垫块控制高度，每次压完后再量出 h_u、h_b、d_{max} 尺寸，填入表 2-11～表 2-13 中。

第 1 号试件　　D_{01} = ____ mm；h_{01} = ____ mm。

表 2-11　1 号试件实验数据

压缩序号	中心高度 h_u/mm	中心高度与原始高度比 h_u/h_0	边缘高度 h_b/mm	边缘高度与原始高度比 h_b/h_0	最大直径 d_{max}/mm	第几阶段
1						
2						
3						
4						
5						
6						
毛坯逐步变形断面图						

第 2 号试件　　D_{02} = ____ mm；h_{02} = ____ mm。

表 2-12　2 号试件实验数据

压缩序号	中心高度 h_u/mm	中心高度与原始高度比 h_u/h_0	边缘高度 h_b/mm	边缘高度与原始高度比 h_b/h_0	最大直径 d_{max}/mm	第几阶段
1						
2						

续表 2-12

压缩序号	中心高度 h_u /mm	中心高度与原始高度比 h_u/h_0	边缘高度 h_b /mm	边缘高度与原始高度比 h_b/h_0	最大直径 d_{max} /mm	第几阶段
3						
4						
5						
6						
毛坯逐步变形断面图						

第 3 号试件　　D_{03} = ____ mm；h_{03} = ____ mm。

表 2-13　3 号试件实验数据

压缩序号	中心高度 h_u /mm	中心高度与原始高度比 h_u/h_0	边缘高度 h_b /mm	边缘高度与原始高度比 h_b/h_0	最大直径 d_{max} /mm	第几阶段
1						
2						
3						
4						
5						
6						
毛坯逐步变形断面图						

六、实验报告要求

实验后每个人都必须书写实验报告，报告要求写明实验名称，主要内容包括：

（1）目的。

（2）实验设备型号及有关参数；试样材质及基本尺寸；实验及主要步骤。

（3）实验结果与分析：

1）指出该模子最合适的毛坯尺寸 d = ____ mm，h = ____ mm；若毛坯直径太大、太小时都会发生哪些现象，试分析其原因。

2）以 h_u/h_0 为横坐标，h_b/h_0 为纵坐标画出 3 个试样的 $h_u/h_0 - h_b/h_0$ 曲线，分析每个阶段曲线变化的原因及 3 根曲线不同的原因。

实验十一　极限拉深系数的研究

一、专业知识

拉深是板料成形中的一种重要工艺方法，广泛应用于汽车、航空航天、家用电器制造等方面。极限拉深系数是板料拉深成形过程中一个最重要的工艺参数，是进行拉深工艺分析和模具设计的基本依据。

拉深的变形程度一般以拉深系数 m 表示，即 $m = d_{成}/D_{毛}$（d 为拉深后的工件的直径，D 为毛坯的直径）。拉深系数是拉深工艺中一个重要参数，它是拉深工艺计算的基础。工件能否一次拉出，主要比较实际所需的总拉深系数和第 1 次允许的极限拉深系数的大小即可。若实际所需的总拉深系数比第 1 次允许的极限拉深系数小，则说明拉深该工件的实际变形程度比第 1 次容许的极限变形程度要小，所以工件可以 1 次拉成。反之，则需要多次拉深才能成形。

极限拉深系数越小表示材料的塑性越大，但材料的塑性大小不仅与其本身机械性质有关，而且也与外部条件，例如是否有压边装置、凹模圆角、凸模圆角半径，间隙大小，润滑情况等有关。

影响拉深系数的几个因素：（1）材料性能；（2）材料的相对厚度；（3）拉深的道次；（4）拉深的方式；（5）凹凸模的圆角半径；（6）润滑条件及模具情况；（7）拉深速度。

二、实验目的

本实验的目的如下：

（1）研究凹模圆角 R_m、凸模圆角 R_n 对 m 的影响；

（2）研究压边和润滑对 m 的影响。

三、实验原理

采用压边装置，依次换上不同 R_m 的凹模进行拉深，在每一个凹模上将不同直径的原毛坯拉深到发生破裂为止，用游标卡尺分别测出工件拉深前的直径和拉断后的直径，利用公式 $m = d_{成}/D_{毛}$ 计算出对应于各种 R_m 的最小拉深系数。

四、实验设备及材料

本实验所用的设备和材料如下：

（1）实验设备：万能材料实验机、专用拉深模（凹模圆角 R_m 见表 2-14，凸模圆角 R_n 见表 2-15）、游标卡尺；

（2）实验材料：润滑油；45 号钢（厚度 d = 1mm），直径 D = 42mm、50mm、55mm、60mm、70mm、75mm。

表 2-14 凹模圆角 R_m

序 号	1	2	3	4	5	6
凹模圆角 R_m	0.5	4	3	12	6	6
	2	6	10	16	8	8

表 2-15 凸模圆角 R_n

序 号	1	2	3	4	5	6	7	8
凸模圆角 R_n	0.5	2	4	6	8	10	12	15

五、实验内容及步骤

按照实验内容和步骤进行操作，具体如下：

（1）采用压边装置，依次换上不同 R_m 的凹模进行拉深，在每一个凹模上将不同直径的原毛坯拉深到发生破裂为止，计算出对应于各种 R_m 的最小拉深系数。

（2）拆去压边装置，重复上述操作，并分别以加润滑剂和不加润滑剂进行拉深。

六、实验报告要求

实验后每个人都必须书写实验报告，报告要求写明实验名称，主要内容包括：

（1）实验目的。

（2）实验设备工具及其他；实验内容及步骤。

（3）实验数据及分析：

1）有压边装置时，作出曲线 $m = f_1(R_m)$ 及作说明；

2）无压边装置时，作出曲线 $m = f_2(R_m)$ 及作说明；

3）根据不同的润滑情况，分析曲线 $m = f(R_m)$ 说明润滑对 m 的影响。

（4）实验总结。

实验十二 金属板料冲压成形性能实验

一、专业知识

板料冲压加工可以分为分离工序和成形工序。材料受力后，应力超过材料的强度极限，使材料发生剪裂或局部剪裂而分离。因此，分离工序又可分为：

（1）剪切；

（2）冲剪——落料、冲孔；

（3）整修。

材料受力后，应力超过材料的屈服极限，使板料成为一定形状的制件。成形工序又可分为：

（1）弯曲——单角弯曲、双角弯曲和卷曲；

（2）拉深——不变薄拉深和变薄拉深；

（3）成形——校平、翻边、缩口、胀形和起伏成形；

（4）体积冲压——校形、压印和精压。

冲裁是利用模具使板料产生分离的冲压基础工序，它既可以直接冲压出所需的零件，又可以为其他冲压工序提供毛坯。材料经过冲裁后，被分离成两部分，从板料上冲下所需形状的零件（或毛坯）称之落料，在工件上冲出所需形状的孔（冲切去的为废料）称为冲孔。冲裁工序的种类很多，包括落料、冲孔、切口、切边、割切、修边等。

拉深（拉延）是利用冲裁后得到的平板坯料通过模具加工变形成为开口空心零件的冲压工艺方法。在拉深过程中，如果板料的相对厚度较小，圆筒形拉深件的凸缘部分由于切向压应力 σ_3 过大，很可能因失稳而发生起皱现象。在拉深过程中影响坯料起皱的主要因素有以下几个：

（1）板料的相对厚度 t/D_0：板料的相对厚度越小，拉深变形区抗失稳的能力越差，也就是越容易起皱。

（2）拉深系数 $m = d/D_0$：拉深系数 m 越小，拉深变形程度越大，变形区内金属的硬化程度也越高，切向压应力的数值也相应增大。另外，拉深系数越小拉深变形区宽度越大，抗失稳的能力变小。上述综合作用的结果是：拉深变形程度较小，板坯的起皱趋向越大。反之，拉深系数较大时，拉深变形程度较小，材料硬化也不严重，切向应力也较小，同时也可以提高抗失稳的能力，因而也就不容易起皱。

（3）凹模工作部分的几何形状：用锥形凹模拉深时，允许用相对厚度较小的坯料而不起皱。

胀形是利用模具迫使板料（或毛坯）厚度变薄、表面积增加而获得所要求的几何形状和尺寸零件的一种冲压加工方法。胀形的坯料，一般都经过多次拉深的工序，金属已有冷作硬化现象，故应在退火后胀形。坯料上的擦伤、划痕、皱纹等缺陷也很难免，这些缺陷将导致胀形时拉裂，应给予足够的重视。

二、实验目的

本实验的目的如下：

（1）通过实验对板材冲裁变形的 3 个过程有深入认识，定性了解板材性能对冲裁质量的影响；

（2）了解液压冲压机的基本操作和工作原理；

（3）了解板材在冲压成形过程中拉深系数、拉深高度、压边力、摩擦润滑、凸凹模间隙等因素对拉伸件质量的影响，同时对拉深和胀形过程中金属流动方向进行观察；

（4）掌握不同条件下板材拉深或胀形成形中拉深力、胀形力分别与行程和速度的变化关系，并能绘制曲线图。

三、实验原理

冲裁时板料的变形具有明显的阶段性，与单向拉伸相似，由弹性变形过渡到塑性变形，最后产生断裂分离。冲裁的变形过程如图 2-16 所示。

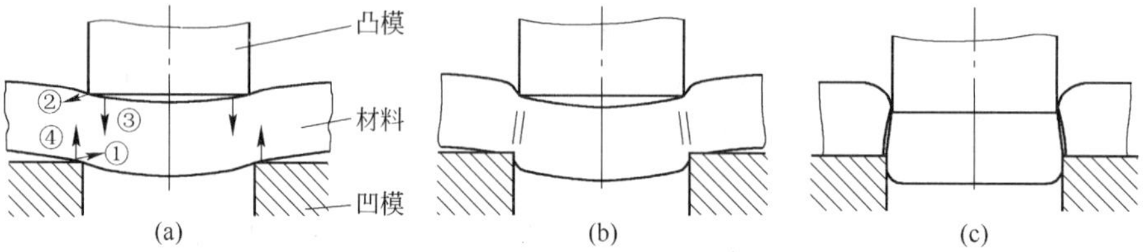

图 2-16 冲裁变形过程示意图

（a）受压缩塑性变形；（b）剪切；（c）断裂分离

①—凹模对板料的侧压力；②—凸模对板料的侧压力；

③—凸模对板料的垂直作用力；④—凹模对板料的垂直作用力。

第一阶段：弹性变形阶段。凸模接触材料，将材料压入凹模口。在凸、凹模的压力作用下，材料表面受到挤压产生弹性变形。由于凸、凹模之间存在间隙，使材料受压产生压缩、拉伸和弯曲变形。

第二阶段：塑性变形阶段。当凸模继续压入，因材料内的应力状态满足塑性变形条件时，产生塑性变形。在塑性剪变形的同时，还有弯曲与拉伸变形，冲裁变形力不断增大，直到刃口附近的材料由于拉应力的作用出现微裂纹时，冲裁变形力就达到了最大值。

第三阶段：断裂分离阶段。当凸模仍然不断地继续压入，凸模刃口附近应力达到破坏应力时，先后在凹模、凸模刃口侧面产生裂纹。由于刃尖部分的静水压应力较高，因而裂纹起点不在刃尖，而是在模具侧面距刃尖很近的地方，而且在裂纹产生的同时也形成了毛刺。裂纹产生后沿最大剪应力方向向材料内层发展，使材料最后分离。

对于塑性较好的材料，冲裁时裂纹出现得较晚，因而材料被剪切的深度较大。所得断面的光亮面所占的比例大，圆角大，弯曲大，断裂面较窄，毛刺小。而塑性较差的材料，裂纹出现得较早，因而材料被剪切的深度较小。所得断面的光亮面所占的比例小，圆角小，弯曲小，断裂面较宽。

板材的冲压成形性能，除了冲裁工序，还需研究拉深和胀形两种方式。对金属板料冲压成形时，可对某些材料特性或工艺参数提出要求，如拉深性能指标、胀形性能指标。拉深系数是衡量拉深变形程度的指标，拉深系数越小，表明拉深直径越小，变形程度越大，坯料被拉入凹模越困难，因此越容易产生拉裂废品。一般情况下，拉深系数 m 不小于 0.5 ~0.8。坯料塑性差的要按上限选取，塑性好的可按下限选取。一定状态的材料在一定条件下进行拉深，都有一个最小拉深系数，此系数称为极限拉伸系数，它对拉深工艺是一个很重要的参考指标。

（1）拉深实验计算：

最大试样直径（D_0）$_{max}$的确定，一般而言，一组试样中，破裂和未破裂的个数相等时，$(D_0)_{max} = (D'_0)_i$，其中（D'_0）$_i$为试样直径；

极限拉深率：
$$LDR = \frac{(D_0)_{max}}{d_p}$$

式中　d_p——凸模的直径，mm。

（2）胀形实验计算：

1）胀形时的变形程度可用胀形系数表示：

$$K_{胀} = \frac{d_{max}}{d}$$

式中　d_{max}——胀形后的最大直径，mm。

d——圆筒毛坯的直径，mm。

2）杯突值 IE 的计算：

所测的数据为板材临破裂时的冲头压入深度 IE，即试样板料的杯突值。

四、实验设备及材料

实验所用的设备和材料如下：

（1）设备：电液伺服实验机；材料杯突实验机。

（2）工具：冲压成形模具 1 套；胀形冲头 1 个；划线及钳工工具 1 套；游标卡尺 1 把；棉纱、手套、煤油等。

（3）材料：板料若干块。

五、实验内容及步骤

按照实验内容和步骤进行操作，具体如下：

（1）冲裁变形实验。

1）将上、下模具分别安装在液压冲压机上，调整好限位开关位置；

2）在冲裁模具安装好检查无误后，合上电源开关，接通电源，启动油泵；

3）将选择钮分别调到冲裁和调制位置，同时按下冲床操作盘两边的工作键；

4）将板料放入模具中，按下滑块下行按钮，完成冲裁工序；

5）按下滑块回程按钮，取出板料，并对断面和毛刺进行分析。

（2）拉深胀形实验。

1）安装拉深实验模具，进行板料拉深性能研究，掌握在不同成形条件下的金属板料的拉深性能；

①进行预试验，确定合理的压边力；

②将经过润滑处理的试样置于试验装置中，压紧后对试样进行拉深成形。

2）安装胀形实验模具，进行板料胀形性能研究，分析在不同成形条件下的金属板料的胀形性能。试验时应保证试样压紧，直到试样的凸包上某个局部产生颈缩和破裂为止；

3）改变压边圈（分别是有拉深筋和无拉深筋），进行胀形实验，改变压边力的大小，并观察成形情况和金属流动方向。首先安装胀形实验模具，进行板料杯突实验，并计算杯突值；

4）对实验数据进行处理，同时比较拉深实验和胀形实验的区别。

六、实验报告要求

实验后每个人都必须书写实验报告，报告要求写明实验名称，主要内容包括：

（1）绘出冲裁后板料断面的状况，并分析板料冲裁后光亮面、断裂面和圆角各自所占的比例；

（2）对产生光亮面和断裂面现象进行分析，并分析毛刺形成的原因；

（3）对实验数据进行处理，计算极限拉深率、胀形系数、杯突值；

（4）通过实验来总结有哪些因素影响拉深实验的结果。

实验十三　金属薄板成形极限实验

一、专业知识

成形极限是板材领域中重要的性能指标和工艺参数，反映了板材在塑性失稳前所能取得的最大变形程度。成形极限图（Forming Limit Diagrams）也称成形极限曲线（Forming Limit Curves），常用 FLD 或 FLC 表示，如图 2-17 所示。它表示金属薄板在变形过程中，在板平面内的 2 个主应变联合作用下，某一区域发生减薄时，可以获得的最大应变量，即预缩出现瞬间的应变值。成形极限图是判断和评定金属薄板成形性的最为简便和直观的方法，是对板材成形性能的一种定量描述，是解决板材冲压问题的一种非常有效的工具，同时也是对冲压工艺成败的一种判断曲线。成形极限图是板料冲压成形性能发展过程中的新成果。20 世纪 60 年代是板材成形技术发展的重要时期，在此之前，板材的各种成形性能指标大多以试样、制件或坯料整体变形到一定程度而确定的，但通过成形极限图反应板材成形性能的试验是反应板材在单拉多双向拉应力作用下的发生局部成形极限。20 世纪 80 年代后，随着有限元技术、数值模拟仿真和计算机应用技术在板材成形领域中应用和发展，使其成为板材成形研究过程中有力的工具，使得板材成形技术真正进入分析阶段。

FLD 对金属板材成形具有重要的工程意义，用于分析解决生产实际问题的原理是：首先通过试验方法获得研究所用板材的 FLD，再将网格系统制作在研究零件的毛坯表面变形危险区，坯料成形为零件后，测定其网格的变化量，计算出应变值；将应变值标注在所用材料的成形极限图上，零件的变形危险区域便可准确加以判断。具体应用有以下几个方面：

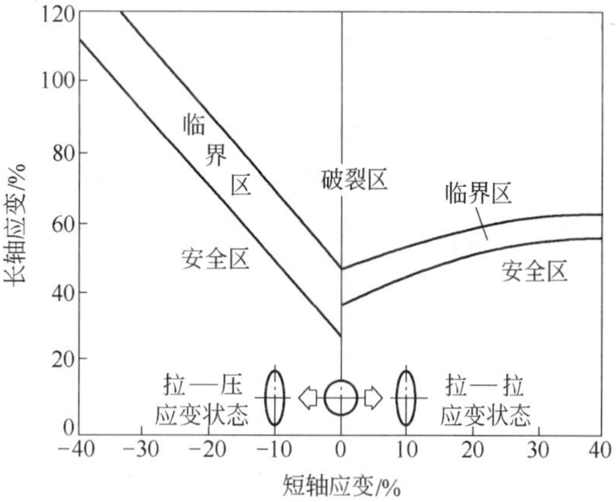

图 2-17　成形极限图（FLD）

（1）判断所设计工艺的安全裕度，以选用合适的材料。合理的使用材料应该有一定的安全裕度。如果应变点在成形极限曲线的上面或者非常接近，说明零件成形时废品率会很高，应选用冲压性能较高的材料；反之，如果应变点远低于极限应变，说明过于安全，材料的成形性能没有充分发挥，因此可以选用冲压性能较差、价格较便宜的材料。

（2）试模阶段确定坯料的合适形状和尺寸。在冲模试压阶段，应用成形极限图作为诊断工具，通过发现潜在的危险，可以及时采取有效的补救措施。

（3）提高复杂冲压件的成形质量。通过调整工艺，使板料的应变点位于成形极限曲线以下合适的地方，这样零件的整体成形质量较好，材料也得到充分利用。

（4）FLD 主要应用在数值模拟领域。在零件设计阶段，借助对变形的分析并与 FLD 相比较，就可对影响成形加工的主要参数，例如，工件几何形状及尺寸、压边力、润滑状态、材料等，进行合理选择和优化。冲压材料的 FLD 是对所设计工艺过程进行评估的先决条件。

二、实验目的

本实验的目的如下：

（1）了解成形极限图的目的及意义；

（2）了解胀形试验整个过程以及相关原理；

（3）了解影响成形极限的因素；

（4）熟悉成形极限图的制作过程，包括网格的划分，胀形试验及图形的绘制。

三、实验原理

实验测试 FLD 通常采用刚性凸模胀形试验方法。首先，应在试样表面印制标准的圆网格。然后将不同宽度的试样分别置于凹模与压边圈之间，利用压边力压紧拉深筋以外的试样材料，凸模对试样进行胀形的方法，必要时可辅以拉深试验和液压胀形试验。在不产生材料的流动情况下，试样中部受到凸模力作用下产生胀形变形并形成凸包，如图 2-18 所示，其表面上的网格圆发生畸变，如图 2-19 所示。当凸包上某个局部产生缩颈或破裂时停止试验。测量缩颈区或破裂区附近的网格圆长轴和短轴尺寸，由此计算金属薄板允许的局部表面极限应变值。表面应变是指平行于板材平面的二维应变，本书中用 ε_1 和 ε_2 表示表面真实极限主应变量。

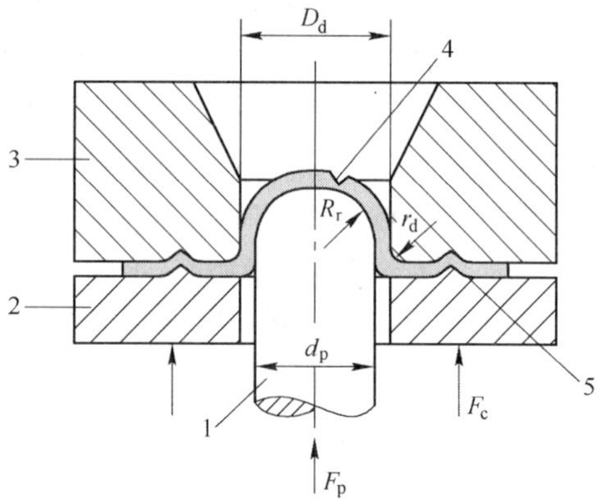

图 2-18 刚性凸模胀形试验
1—凸模；2—压边圈；3—凹模；4—缩颈或破裂；5—拉深筋

（1）在实验室条件下测定成形极限图时，通常采用刚性凸模对试样进行胀形的方法，必要时可辅以拉伸试验和液压胀形试验。

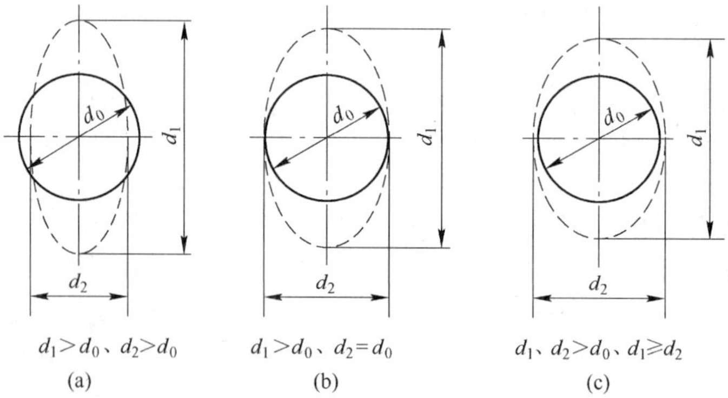

图 2-19 网格圆的畸变

（2）刚性凸模胀形试验时，将一侧表面制有网格圆的试样置于凹模与压边圈之间，利用压边力压紧拉深筋以外的试样材料，试样中部在凸模力作用下产生胀形变形并形成凸包，如图 2-17 所示，其表面上的网格圆发生畸变，当凸包上某个局部产生缩颈或破裂时，停止试验，测量缩颈区（或缩颈区附近）或破裂区附近的网格圆长轴和短轴尺寸，由此计算金属薄板允许的局部表面极限主应变量（e_1、e_2）或（ε_1、ε_2）。

注：表面应变指平行于板料平面的二维应变，本标准中的（e_1、e_2）表示表面工程极限主应变量，（ε_1、ε_2）表示表面真实极限主应变量。

（3）获得不同应变路径下的表面极限主应变量。

1）改变试样与凸模接触面间润滑条件：主要用来测定成形极限图的右半部分（双拉变形区，即 $e_1>0$、$e_2\geqslant 0$ 或 $\varepsilon_1>0$、$\varepsilon_2\geqslant 0$），如果在试样与凸模之间加衬合适厚度的橡胶（或橡皮）薄垫，可以比较方便地获得接近于等双拉应变状态（$e_1=e_2$ 或 $\varepsilon_1=\varepsilon_2$）下的表面极限应变量，通常，不同的润滑条件选择得越多，试验确定的成形极限图越可靠。

2）改变试样的宽度：主要用来测定成形极限图的左半部分（拉-压变形区，即 $e_1>0$、$e_2\leqslant 0$ 或 $\varepsilon_1>0$、$\varepsilon_2\leqslant 0$），如果试样宽度选择合适，可以获得接近于单向拉伸应变状态（$e_1=-2e_2$ 或 $\varepsilon_1=-2\varepsilon_2$）和平面应变状态（$e_2=0$ 或 $\varepsilon_2=0$）下的表面极限应变量，通常，试样的宽度规格越多，试验确定的成形极限图越可靠。

注意：当试样长宽尺寸接近时，极限应变量也有可能位于成形极限图的右半部双拉变形区内。

四、实验设备及材料

实验所用的设备和材料如下：

（1）设备：板材成形极限机；

（2）材料：成形极限成套模具；钢和铝合金板材试样（尺寸：长 180mm，宽 160mm、120mm、80mm、40mm，厚 1.2mm）；润滑油；丙酮（清洗液）；游标卡尺、工程比例尺；橡胶（或橡皮）薄垫。

五、实验内容及步骤

按照实验内容和步骤进行操作，具体如下：

（1）网格的制取。

（2）胀形试验。

1）清洗模具、试验装置和实验机，检查设备及润滑；

2）安装模具，机器调整；

3）进行预实验；

4）放置试样，试样上有网格的一面贴靠凹模，不带网格的一面进行润滑；

5）机器运行，开始胀形变形，直至试样上发生局部紧缩或破裂为止；

6）对于同一尺寸规格相同润滑方式的试样进行 3 次以上有效重复实验；

7）测量临界网格圆的长、短轴尺寸，并计算表面极限应变量；

8）更换摩擦条件和不同宽度试样，进行重复步骤 4 到步骤 7。

（3）测量和计算。

1）选择临界网格圆：确定位于缩颈区但位于破坏的网格圆、紧靠缩紧或裂纹的网格圆、与缩紧或裂纹贯穿其中部之网格圆相邻的网格圆作为临界圆。网格圆的个数取 3 个，并应尽可能相邻。

2）测量临界网格圆长轴和短轴：试样表面上网格圆畸变后的形状如图 2-19 所示，畸变后网格圆的长轴记作 d_1、短轴记作 d_2，并将 d_1 和 d_2 近似视为试样平面内一点上的两个主应变方向。测量临界网格圆的长、短轴成 d_1 和 d_2 时，可以使用读数显微镜、测量显微镜、投影仪或专门设计的测量工具、检测装置等。

3）计算极限应变：根据测量结果，按式2-5、式2-6计算试样的表面极限应变。

$$\left.\begin{aligned} e_1 &= \frac{d_1 - d_0}{d_0} \times 100\% \\ e_2 &= \frac{d_2 - d_0}{d_0} \times 100\% \end{aligned}\right\} \tag{2-5}$$

$$\left.\begin{aligned} \varepsilon_1 &= \ln \frac{d_1}{d_0} = \ln(1 + e_1) \\ \varepsilon_2 &= \ln \frac{d_2}{d_0} = \ln(1 + e_2) \end{aligned}\right\} \tag{2-6}$$

（4）成形极限图的描绘。以表面应变 e_2（或 ε_2）为横坐标、表面应变 e_1（或 ε_1）为纵坐标，建立表面应变坐标系。将试验测定的表面极限应变量（e_1，e_2）或（ε_1，ε_2）标绘在表面应变坐标系中。根据表面极限应变量在坐标系中的分布特征，将它们连成适当的曲线或构成条带形区域，即成形极限曲线（FLC）。

六、实验报告要求

实验后每个人都必须书写实验报告，报告要求写明实验名称，主要内容包括：

（1）影响成形极限测定的因素有哪些；

（2）阐述成形极限图测量实验方法的整个过程；

（3）举例说明成形极限图的应用；

（4）试验报告自行设计，说明试验目的、内容及原理，并简单叙述通过不同试验所得到的体会。

第三章

金属材料塑性成形设备及模具实验

实验一　冲压模具的组装与测量实验

一、专业知识

模具的类型和结构对金属材料的成形起着重要作用，因此有必要了解一些常见类型的模具结构，对模具的设计及金属成形类型都有很大帮助。

冲压是借助模具和冲压设备对金属进行加工来获得特定形状和尺寸的零件的一种塑性成形方法。冲压模是对板材进行压力加工以获得合格工件的工具。一般按冲压工艺性质，将冲模分为冲裁模、弯曲模、拉深模和成形模等；按所完成冲压工序的数量及组合程度，冲压模分为单工序模、连续模和复合模，单工序模是完成一道冲压工序的模具，连续模和复合模都属于多工序模；按工作时的位置，可将冲模分为上模和下模两部分，上模与压力机滑块相连接，包括模柄、上模座、凸模垫板、凸模固定板、凸模和导套等，下模与压力机工作台相固定，包括卸料板、凹模、凹模固定板、下模座和导柱等。不论是哪种模具，其基本的结构大致是一样的。

模具在整个挤压成形过程中起关键作用，对产品形状尺寸和产品内外表面粗糙度、挤压时金属的均匀流动、挤压速度及挤压力等有很大影响，合理的模具结构对提高生产效率、提高产品质量有很重要的意义，同时还能提高模具的使用寿命、降低成本，因此在进行挤压工艺之前，必须对挤压模具的结构有深入了解。

挤压模有不同的分类方式，按被挤压的产品规格分为棒材模、普通实心型材模、空心型材模、普通管材模等；按模孔压缩区断面形状可分为平模、锥模、平锥模、双锥模、流线形模和碗形模等；按模孔数量可分为单孔模和多孔模；按模具外形结构可分为带倒锥体的锥形模、带凸台的圆柱形模、带正锥体的锥形模、带倒锥体的锥形-中间椎体形压环的模具等；按挤压方法和工艺特点可分为热挤压模、冷挤压模、静液挤压模、反挤压模、连续挤压模、卧式挤压机用模和立式挤压机用模等。

二、实验目的

本实验的目的如下：

(1) 通过本实验使学生对模具的结构有初步认识，并掌握组装和测量模具的基本方法；

（2）对各种不同用途的模具结构、工作原理有深入了解；

（3）了解挤压模、冷冲模各部分的名称、功能、结构尺寸及其装配情况，为以后相关的实验做准备。

三、实验原理

模具设计的关键就在于确定模具的类型、结构及尺寸，通过本实验对挤压模和冷冲模的组装与测量，能够对模具有更加深入的认识。

（1）冷冲压模具：一套冷冲压模具根据其结构可分为以下几部分，如图 3-1 所示。

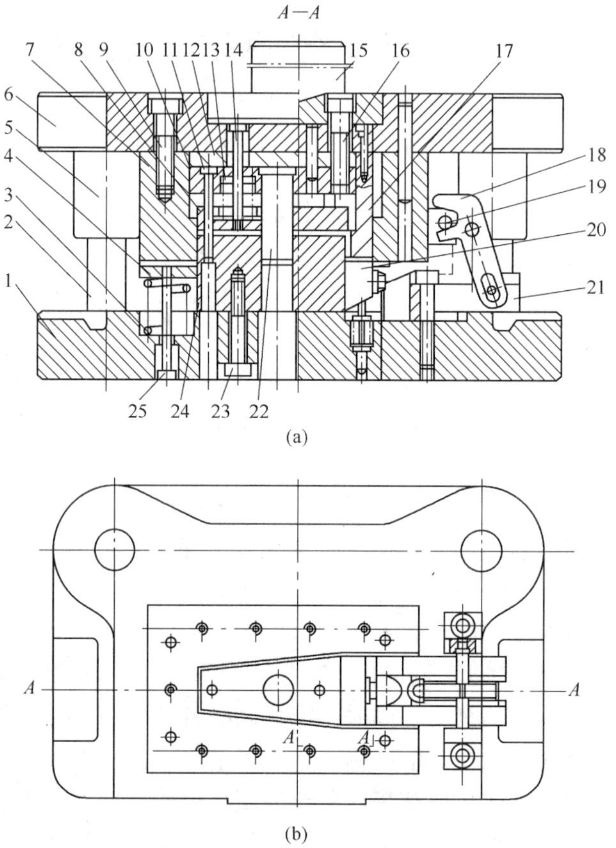

图 3-1 落料、冲孔、弯曲复合模

（a）模具纵剖面图；（b）模具横截面图

1—下模座；2—导柱；3—卸料弹簧；4—卸料板；5—导套；6—上模座；
7—落料凹模；8—压料板；9，16，23—螺栓；10—凸模固定板；11，22—小、大孔凸模；
12—垫板；13—压料弹簧；14—卸料螺栓；15—模柄；17—弯曲凹模；18—转动板；
19—滚轮；20—活动凸模块；21—垫板；24—凸凹模；25—推杆

1）工作零件：有凸模、凹模和凸凹模（复合模）。凸模和凹模是成对相互配合的，共同完成对坯料的加工成形。工作零件的形状、尺寸精度、固定方法都决定了冲模的性能和使用寿命。

2）辅助装置：是协助凸模、凹模完成冲压成形不可缺少的部分，主要包括定位装置、卸料推件装置、压料抬料装置等。定位装置是保证送料时有良好的导向和控制送料的进距，如定距侧刀、导正销、挡料销、定位板、导料板等。卸料推件装置是保证在冲压工序完成后将制件和废料排除，以保证下一次冲压工序的顺利进行。这些辅助装置的结构形式对工件质量、操作安全、生产效率都起重要作用，因此不可忽视。

3）导向零件：是保证上模和下模准确合模的装置，使上下模在相对运动时有精确的导向，使凸模、凹模之间有均匀的间隙。这就要求导向零件工作可靠，导向精度好，有一定互换性。导向零件有导柱、导套、导板等。

4）支撑、固定零件：主要有上模架、下模架、模柄、固定板、垫板、螺钉和销等。这些零件的作用是将其他部分装置连接成一个整体，保证各零件间的相对位置，使模具与压力机连接，传递并承受工作压力。

（2）挤压模具：在有色金属管型材生产过程中，材料的开坯采用热加压法，挤压过程主要是通过挤压工具来完成的。当被挤材料的材质、尺寸不同时，所采用的挤压机型式不同，工具的组装形式也不一样。挤压的工具主要由挤压筒、挤压轴、穿孔针、垫片和模子组成，以型棒卧式挤压机为例，挤压工具的组装情况如图3-2、图3-3所示，其中图3-2所示为正向挤压，图3-3所示为反向挤压。

本实验使用的一套实验用挤压工具，由于设备用60kN万能材料实验机，挤压材料只能用铅，所以工具结构简单，外形尺寸小。

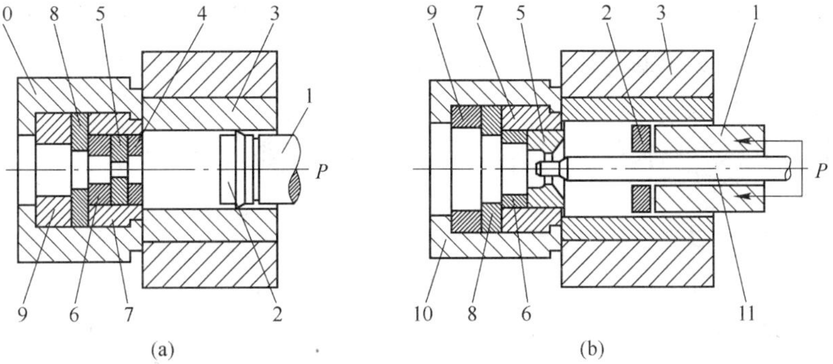

图3-2　卧式正向挤压机的工模具装配形式

（a）不用挤压针的热挤压；（b）用挤压针的热挤压

1—挤压杆；2—挤压垫；3—挤压筒；4—前置模（如导流模、宽展模、保护模等）；5—挤压模；6—模垫；7—模支撑；8—前支撑环；9—后支撑环；10—模座；11—挤压针

四、实验设备及材料

实验所用的设备和材料如下：

（1）模具：冲压模1套、挤压模1套；

（2）测量工具：游标卡尺、钢尺各1把；

（3）工具：扳手、起子、手锤、棉纱、手套等。

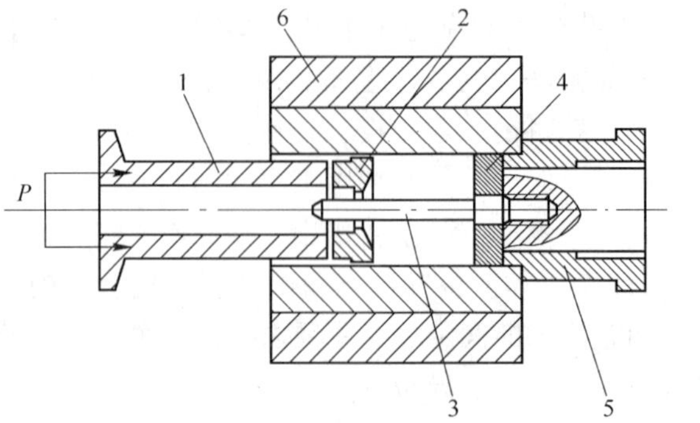

图 3-3 卧式反向挤压机的工模具装配形式

1—挤压杆；2—挤压模；3—挤压针；4—挤压垫；5—堵头；6—挤压筒

五、实验内容及步骤

按照实验内容和步骤进行操作，具体如下：

(1) 拆卸前，根据所学知识，分析要拆卸模具的组成、各部分结构和工作原理；

(2) 拆下的模具零件按顺序放好，描绘主要零部件的外形；

(3) 按顺序将拆下的零件重新装好，绘制模具结构示意图，并测量各部件的尺寸。

六、实验报告要求

实验后每个人都必须书写实验报告，报告要求写明实验名称，主要内容包括：

(1) 按比例绘出实验的冲压模具和机压模具的工具图，并标注尺寸；

(2) 绘出工具组装图；

(3) 列表简述实验模具各个零件的功用，并填写实验报告。

注意事项：

(1) 一定要先观察模具的结构和工作原理后，再拆卸模具；

(2) 在移动模具时，要托起下模座，以防止在移动过程中上下模分离出现危险；

(3) 拆装和测量时，要注意模具的刃口，不要被划伤，但不能用锤子来损坏刃口。

实验二 冲压模具设计

一、专业知识

冲压模具，俗称冷冲模，是在冷压变形中，将材料（金属或非金属）加工成零件（或半成品）的一种特殊工艺装备。冷冲压是在室温下，利用安装在压力机上的模具对材料施加压力，使其产生分离或塑性变形，从而获得所需零件的一种压力加工方法。

冲压模具是冲压生产必不可少的工艺装备，是技术密集型产品。冲压件的质量、生产效率以及生产成本等，与模具设计和制造有直接关系。模具设计与制造技术水平的高低，是衡量一个国家产品制造水平高低的重要标志之一，在很大程度上决定着产品的质量、效益和新产品的开发能力。

模具是冲压生产的主要工艺装备。冲压件的表面质量、尺寸精度、生产效率以及经济效益等与模具的结构关系很大。因此，设计合理的模具结构，是加工合格冲压件的前提。

因此，对冲压模具的设计，是模具设计与制造理论联系实际的重要课程之一。

二、实验目的

巩固和深化课堂所学理论知识，使学生进一步理解模具设计的思路，掌握模具的设计方法，培养学生模具设计能力以及训练学生严谨的科学态度和作风，为今后从事模具设计工作打下良好基础。

三、实验原理

（一）方案设计

方案设计如下：

（1）分析零件的结构特点如图 3-4 所示，材料性能以及尺寸精度要求。

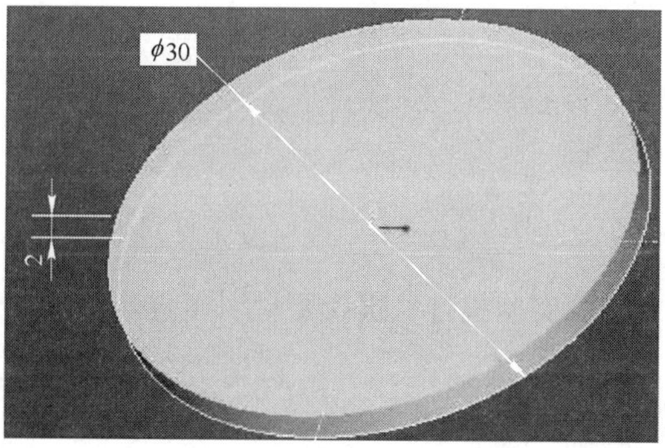

图 3-4 冲压模具尺寸图

(2) 制定冲裁工艺：根据零件结构的工艺性，结合工厂的冲压设备条件及模具制造技术，确定该工件的冲压工艺规程及相应工序的冲模机构形式。

(二) 结构设计

在工艺方案设计和冲模结构结构形式确定基础上，设计冲压模具，绘制总装图和零件图。

(1) 冲裁的工艺分析：分析冲裁件的结构形状，尺寸精度，材料是否符合冲压工艺要求，从而确定冲裁工艺。

(2) 确定模具结构形式：正装、倒装落料模，落料、冲孔复合模。

(3) 冲压模具参数设计计算：冲裁压力，压力中心，模具刃口尺寸计算，确定各主要零件的外形尺寸，计算模具的闭合高度，冲床选择。

(4) 绘制冲模总装图。采用2D或3D设计软件设计冲裁模。2D平面图按三视图标准绘制，标注装配尺寸。冷冲模标准件数占50%以上，图表和技术要求等按国家标准执行。

(5) 绘制非标注零件图。绘制主要非标设备零件图。

四、实验设备及材料

实验所用的设备和材料如下：

(1) 冲压模具数个；

(2) Autocad二维设计软件，Pro/E三维设计软件；

(3) 优质碳素结构钢08F。

五、实验内容及步骤

按照实验内容和步骤进行操作，具体如下：

(1) 确定模具类型；

(2) 凸、凹模的结构形式、固定方式；

(3) 毛坯的送进、导向、定位形式；

(4) 毛坯和零件的压料、卸料形式；

(5) 模架及导向形式；

(6) 弹性元件的形式；

(7) 模具的定位与紧固方式；

(8) 绘制冲压模的装配图。

六、实验报告要求

实验后每个人都必须书写实验报告，报告要写明实验名称，主要内容包括：

(1) 实验目的；

(2) 冲压模具的装配图；

(3) 冲模零件明细表1份（见表3-1）。

表 3-1　冲模零件明细

序　号	名　称	用　途	材　料	热处理

实验三 液压机基本参数测定

一、专业知识

液压机是静压作用的机器，靠液体静压力使锻件变形，这是与其他的锻压设备（曲柄压力机、锻锤、螺旋压力机）的不同点，原理是根据静态下压力等值传递的帕斯卡原理制成的，在充满液体的密闭容器中，施于任一点的单位外力，能传播至液体全部，其数值不变，方向垂直于容器的表面。突出优点为易获得大压力、大工作行程、大工作空间，而且压力和速度可以调整，结构简单，操作方便。典型结构有三梁四柱式、双柱下拉式、框架式等。介质不同又可分为水压机和油压机。对液压机结构及液压系统的掌握是锻压设备重要内容之一。

二、实验目的

液压机可用于塑性材料制品的压制冲孔、弯曲、校正、压装、冲压成形等工序。设立本实验的目的是：为了学好液压机课程，使每名学生对液压机的基本参数、工作原理、液压系统及用途和性能等有所了解。

三、实验原理

液压机开动后，令其进行上下空载运动，然后用卷尺测量工作台尺寸、闭合高度及行程高度等数据，然后查看设备铭牌，读取标准压力、顶出力和回程力等数据，测量、读取完毕后，将数据填入表格。

四、实验设备及材料

实验所用的设备和材料如下：

（1）Y32－200 四柱万能液压机；

（2）THP01－500 框架式液压机；

（3）卷尺。

五、实验内容及步骤

按照实验内容和步骤进行操作，具体如下：

（1）开动液压机，进行上下空载运动；

（2）观察液压机主机的动作原理，并熟悉各个零件名称；

（3）观察液压系统管路，并熟悉各个零件名称；

（4）测量工作台尺寸及行程高度，并把数据填入表内；

（5）观察高压油泵，了解油泵的类型、性能；

（6）填写基本参数表。

六、实验报告要求

实验后每个人都必须书写实验报告，报告要写明实验名称，主要内容包括：

(1) 实验目的。

(2) 实验设备型号及相关参数，试样材质及基本尺寸，实验设备及实验步骤。

(3) 实验结果与分析：

1）记录液压机主要参数，填入表3-2；

2）写出液压机结构及零件名称、油泵类型及性能；

3）绘制液压系统工作原理图；

4）分析两种液压机结构及原理各有什么优缺点。

表3-2　液压机主要参数

液压机类型		
工作台尺寸（左右 $B\times$ 前后 T）/mm×mm		
闭合高度 h/mm		
工作行程 s/mm		
标准压力 p/kN		
回程力 p_1/kN		
顶出力 p_2/kN		

实验四 液压缸应力测定

一、专业知识

液压缸是将液压能转变成机械能的、做直线往复运动（或摆动运动）的液压执行元件。它结构简单，工作可靠。用它来实现往复运动时，可免去减速装置，并且没有传动间隙，运动平稳，因此，在各种机械的液压系统中得到广泛应用。液压缸输出力和活塞有效面积及其两边的压差成正比；液压缸基本上由缸筒、缸盖、活塞、活塞杆、密封装置、缓冲装置和排气装置组成。缓冲装置与排气装置视具体应用场合而定，其他装置则必不可少。

液压缸是液压机的关键部件，是将高压液体的压力能转换成机械能的执行机构。因为它对液压机的正常工作起着决定性的作用，所以国内外学者对液压缸的强度研究都给予足够的重视。在此不再赘述强度的计算方法（可参照液压机教材）。

二、实验目的

本实验的目的如下：

（1）用静态应变仪测定出液压缸工作时的应力分布规律；

（2）比较测量应力值和理论计算应力值，提高学生分析问题的能力。

三、实验原理

在自制液压缸模型壁上贴好应变片，在缸中充满液体，用200t 液压机对柱塞加压至所定压力，用静态应变仪测定各贴片处应变值，记入表格，进行计算验证其理论计算的正确性。

由于缸壁外径向应力为零，所以其上各点的应力状态为平面应力状态。根据虎克定律，在缸外表面其应力角应变的关系见式 3-1、式 3-2：

$$\sigma_z = \frac{E}{1-\mu^2}(\varepsilon_z + \mu\varepsilon_t) \tag{3-1}$$

$$\sigma_t = \frac{E}{1-\mu^2}(\varepsilon_t + \mu\varepsilon_z) \tag{3-2}$$

式中 E——弹性模量，钢的弹性模量为 210GPa；

μ——泊松比，取值 0.3；

$\varepsilon_z, \varepsilon_t$——相应测点的轴向及切向应变。

四、实验设备及材料

本实验所用的设备和材料如下：

（1）自制液压缸模型，其结构如图 3-5 所示；

（2）200t 液压机 1 台；

（3）CM－10 静态应变仪 2 台；

（4）其他。

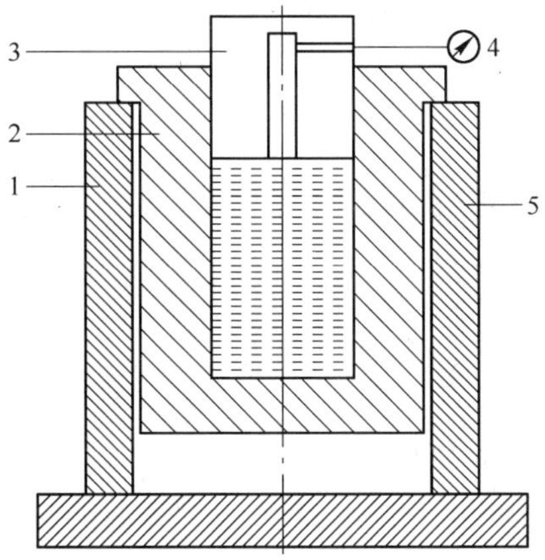

图 3-5　自制液压缸模型

1—支撑轴；2—液压缸；3—柱塞；4—压力表；5—横梁

五、实验内容及步骤

按照实验内容和步骤进行操作，具体如下：

（1）将选择好的电阻片按照图 3-6 所示的位置贴好电阻片，并将温度补偿片按 1/4 桥式接入；

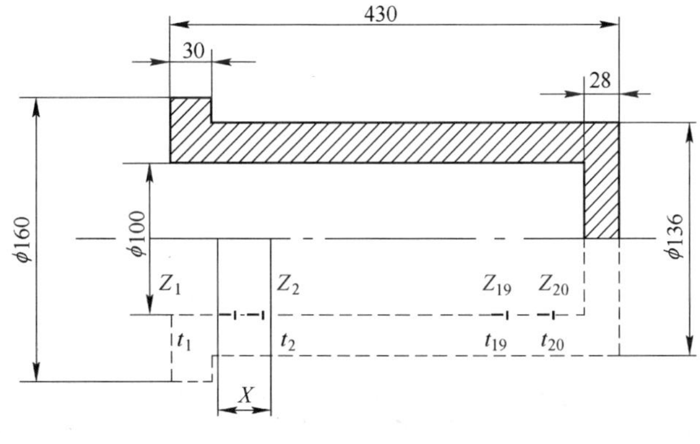

图 3-6　应变片贴片

（2）本实验油缸的长度为 430mm，计算 β 的值；

（3）将图 3-5 所示的实验装置，放在 200t 液压机的工作台上，并将液压油注满液压缸内，然后按上柱塞；

（4）将油缸的工作电阻片和补偿片的导线接到静态应变仪的各接点上，调零；

（5）开动 200t 液压机缓慢加载至规定的压力（由压力表显示），然后保持压力，读出各点的应变值，记录于表 3-4 和表 3-5，表 3-3 为试样编号。

表 3-3 试样编号

位置 X/mm	16	24	55	75	115	135	155	175	195	215
编 号	Z_1	Z_2	Z_3	Z_4	Z_5	Z_6	Z_7	Z_8	Z_9	Z_{10}
	t_1	t_2	t_3	t_4	t_5	t_6	t_7	t_8	t_9	t_{10}
位置 X/mm	235	255	275	295	315	335	356	375	392	
编 号	Z_{11}	Z_{12}	Z_{13}	Z_{14}	Z_{15}	Z_{16}	Z_{17}	Z_{18}	Z_{19}	
	t_{11}	t_{12}	t_{13}	t_{14}	t_{15}	t_{16}	t_{17}	t_{18}	t_{19}	

表 3-4 压力为 32MPa 时各点应变值

测点号	第一次		第二次		第三次		平均值	
	ε_1		ε_2		ε_3		$\varepsilon = \frac{1}{3}(\varepsilon_1 + \varepsilon_2 + \varepsilon_3)$	
	轴向应变 Z	切向应变 t	轴向应变 Z	切向应变 t	轴向应变 Z	切向应变 t	轴向应变 Z	切向应变 t
1								
2								
3								
4								
5								
6								
7								
8								
9								
10								
11								
12								
13								
14								
15								
16								
17								
18								
19								
20								

表 3-5 压力为 30MPa 时各点应变值

测点号	第一次		第二次		第三次		平均值	
	ε_1		ε_2		ε_3		$\varepsilon = \frac{1}{3}(\varepsilon_1 + \varepsilon_2 + \varepsilon_3)$	
	轴向应变 Z	切向应变 t	轴向应变 Z	切向应变 t	轴向应变 Z	切向应变 t	轴向应变 Z	切向应变 t
1								
2								
3								
4								
5								

续表 3-5

测点号	第一次		第二次		第三次		平均值	
	ε_1		ε_2		ε_3		$\varepsilon=\frac{1}{3}(\varepsilon_1+\varepsilon_2+\varepsilon_3)$	
	轴向应变 Z	切向应变 t	轴向应变 Z	切向应变 t	轴向应变 Z	切向应变 t	轴向应变 Z	切向应变 t
6								
7								
8								
9								
10								
11								
12								
13								
14								
15								
16								
17								
18								
19								
20								

六、实验报告要求

实验后每个人都必须书写实验报告，报告要求写明实验名称，主要内容包括：

(1) 实验目的。

(2) 实验设备型号及仪器，实验内容及步骤。

(3) 实验结果与分析：

1) 实验记录数据；

2) 理论计算数据；

3) 比较结果，分析相关情况，得出正确结论；

4) 书写报告人班次、学号及实验报告的日期。

实验五 锻锤打击能量的测定

一、专业知识

锻锤是一种利用落下部分在工作行程中积蓄的动能完成锻件变形的设备，是一种能量的转移与传递过程，蒸汽-空气锤工作介质是蒸汽或压缩空气，空气锤、高速锤和液压模锻锤的工作介质是压缩空气或氮气。因此，分析研究锻锤能量转换和传递过程以提高这种能量转换的热效率，具有重要意义。

锻锤的打击能量一般指额定打击能量或最大打击能量，是锻锤主要性能指标之一，标志着锻锤的工作能力。应该了解和掌握锻锤打击能量测定的意义和测试方法。

二、实验目的

此项实验以液压模锻锤的打击能量作为主要研究对象，使学生分析锻锤打击能量的同时，提高其对锻锤整机设计及性能分析的能力。

三、实验原理

锻锤打击能量测定方法一般有铅柱镦粗法、铜柱镦粗法。测定打击速度以求打击能量法等。本实验采用测定打击速度以求打击能量的方法可减少金属材料坯料的准备工作，打击速度 v 测出后，在已知运动体质量的条件下，计算出打击能量来（根据对击锤或有砧座式的具体情况，采用适当的公式计算）。

（1）采用 GD-2-150 型光电式转角-脉冲转换器、SC-16 型光线示波器法。

1）速度计算：锤头或锤身速度为：

$$V = 2\pi \frac{N(R + r)}{150T_1}K \tag{3-3}$$

式中 V——锤头或锤身打击速度，m/s；

N——感光纸上记录的单位时间内最大波形数，个；

R——传感器配轮半径，m；

r——无弹力绳半径，m；

T_1——感光纸输出的时标周期，s；

K——速度系数，考虑具体情况（如绳松紧程度、布置方式）而定。

2）打击能量计算：对于单锤头打击，则打击能量为：

$$E_K = \frac{1}{2}mv^2 \tag{3-4}$$

式中 m——锤头质量，kg；

v——打击速度，m/s。

对于锤头、锤身对击式锤，则打击能量为：

$$E_K = \frac{1}{2}m_1v_1^2 + \frac{1}{2}m_2v_2^2$$

式中　m_1——锤头打击时速度，m/s；

m_2——锤身打击时速度，m/s。

（2）采用 SZGB－11 型反射式光电转速传感器测量法。

速度计算公式为：

$$T_S = \frac{S_2}{S_3}T_1 \tag{3-5}$$

式中　T_1——感光纸输出的时标周期，s；

S_2——两信号波形间距离，m。

S_3——时标线间距离，m。

锤头或锤身速度为：

$$v_S = S_I/T_s \tag{3-6}$$

式中　S_I——两反光面之间的距离，m。

T_S——两反光面反光时间差，s。

打击能量计算同式 3-4。

四、实验设备和材料

实验所用的设备和材料如下：

（1）GD－2－150 型转角-脉冲转换器或 SZGB－11 型反射式光电转移速传感器；设备的工作原理为：

1）GD－2－150 型光电式转角-脉冲转换器工作原理。如图 3-7 所示，转轴上装有带孔的圆盘机配轮。圆盘的一边设置光源，另一边设置光电管。当锤头运动时通过连接装置，无弹力绳带动配轮转动，圆盘也就跟着转动，当光线通过小孔照到光照管上时，光电管产生一个电脉冲。转轴连续转动光电管就输出一系列与转速及圆盘上孔数成正比的电脉冲数，在孔数一定时，该脉冲数就和转速成正比，并由记录仪器记录下来。根据记录的结果可以求得锤头速度，或直接由数字显示器显示实验结果。

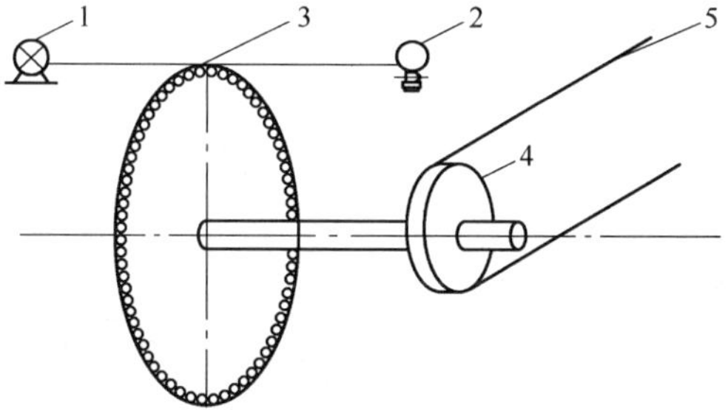

图 3-7　直射式光电转角-脉冲转换器原理

1—光源；2—光电管；3—圆盘；4—配轮；5—无弹力连接绳

2）SZGB－11 型反射式光电转速传感器工作原理。如图 3-8 所示：在锤头上贴上相距一定距离的反光片。光源 1 发射的光线经过透镜 2 成为均匀的平行光，照射在半透明镜片 5 上，部分光线透过镜片部分光线被反射，经紫光透镜 3 聚成一点，垂直照射在反光面上，当锤头运动时，反光面的间隔将光线反射，反射光再经透镜 3 照射在半透明镜片上，透过半透明镜片并经聚焦透镜4聚焦后，照射在光电管的阴极上，由光电管的工作原理可知，在阳极上产生电流，由于反光面的黑白间隔，锤头运动时将获得与锤头速度有关的光脉冲，使光电管产生相应的电脉冲，当反光面距离一定时，电脉冲数与速度成正比，通过记录仪器记录下来或通过计数器显示，换算后可得锤头速度。

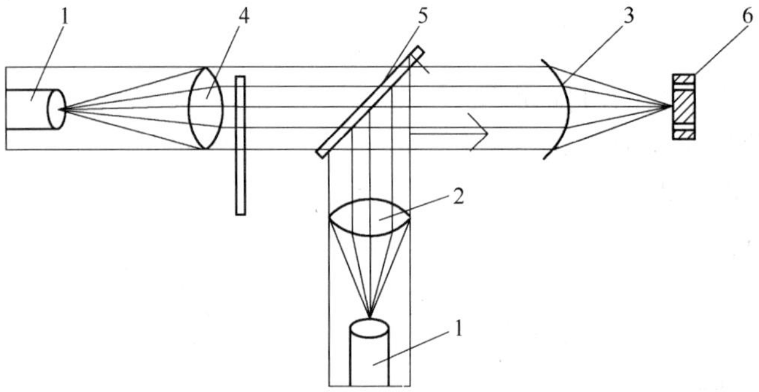

图3-8 反射式光电转速传感器工作原理

1—光源；2，3，4—透镜，5—半透明镜片；6—反光面

（2）SC－16型光线记录示波器。

（3）25kJ电液锤。

（4）记录纸。

五、实验内容及步骤

按照实验内容和步骤进行操作，具体如下：

采用GD－2－150型转角脉冲转换器、SC－16型光线示波器法（如图3-9所示）。

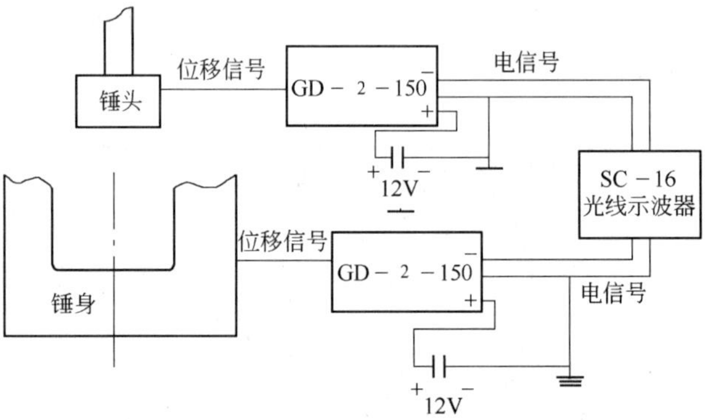

图3-9 用GD－2－150型光电转角脉冲转换器测速原理

按照图3-9接好测量线路。两个转角脉冲转换器采用直流电源（电压为12V）供电。测量时，开动锻锤，合上直流电源闸刀开关当锤头下落时，通过无弹力绳带动转角-脉冲转换器转动，光线示波器输出频率与锤头速度成正比的矩形脉冲。同样，与锤身相连的转角脉冲转换器通过光线示波器输出频率与锤身速度成正比的矩形脉冲，通过换算求得锤身、锤头打击速度和打击能量。

采用SZGB－11型反射式光电转速传感器测量法（如图3-10所示）。

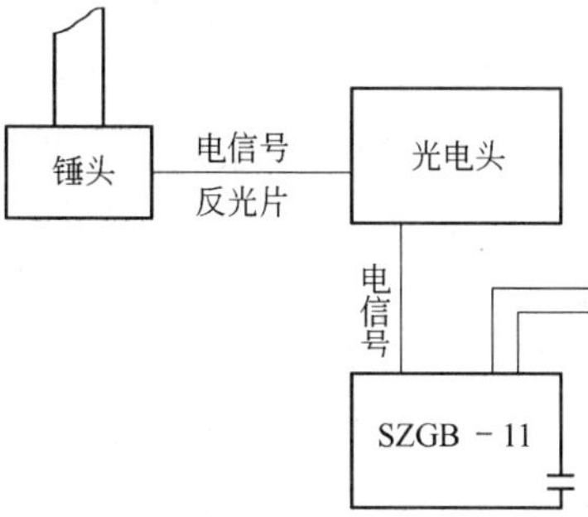

图 3-10　利用 SZGB－11 型光电转速传感器测定原理

在锤头上贴好相距一定距离的两道以上反光片，并按照图 3-10 接好测量线路，使得光电头所发生的光垂直聚焦在反光片所在平面上，当锤头打击时，由光电传感器所发出的光束在反光片作用下产生反光信号，并由光电转换传感器转换成电脉冲信号，然后通过示波器在感光纸上把信号记录下来。若知道反光面的距离和示波器走纸速度，便可计算出打击速度，用同样方法可测出锤身上跳速度，进而求得锤打击能量。

利用 SZGB－11 型反射式光电转速传感器测速是一种无接触测量，影响因素较少，因而较精确。

六、实验报告及要求

实验后每个人都必须书写实验报告，报告要求写明实验名称，主要内容包括：

(1) 实验目的；

(2) 实验设备型号，试样材质及基本尺寸，实验内容及主要步骤；

(3) 实验数据与分析。

根据示波器输出曲线，按照式 3-3～式 3-6 计算出打击速度和打击能量。

重复几次上述实验，进行比较，除去个别情况，求 n 次打击能量的平均值：

$$E_K = \frac{1}{N}\sum_{I=1}^{N} K_{KI}$$

最大绝对误差为：　$A = E_K - E_{KI}$

最大相对误差为：　$R = \frac{A}{E_K} \times 100\%$

根据实验结果，进行数据整理和分析，重点分析以下两点：

(1) 影响速度测量精确度的因素有哪些，如何提高测量精度。

(2) 对于锤身微升式液压锤计算上下运动和流动量是否相等，如果不相等会带来什么后果。

(3) 书写报告人班次、学号及实验报告的日期。

七、实验说明

试件尺寸的选择、加工和热处理。

试件材料为纯度大于99.9%的电解紫铜棒，牌号为L或T_2。

试件高径比$h_0/d_0=1.5$，尺寸的选择应使变形程度在$a=0.4\sim0.6$（$\phi_h=0.511\sim0.917$）范围内，以取得良好的变形效果。对于液压模锻锤，可以按表3-6所示来选择尺寸。

表3-6 液压模锻锤数据

打击能量 W/ J	50	65	30
试件直径 d_0/mm	12	13	14

将试件铜棒到规定尺寸，上下端面磨光，达到$R_a1.6\sim R_a0.4$的粗糙度，d_0和h_0的公差按D_2选取，以$\phi13$试件为例，图中给定试件的公差和加工要求（见图3-11）。

加工完毕，试件在电炉内500℃的温度下，进行退火处理1h，以期达到软化的目的。

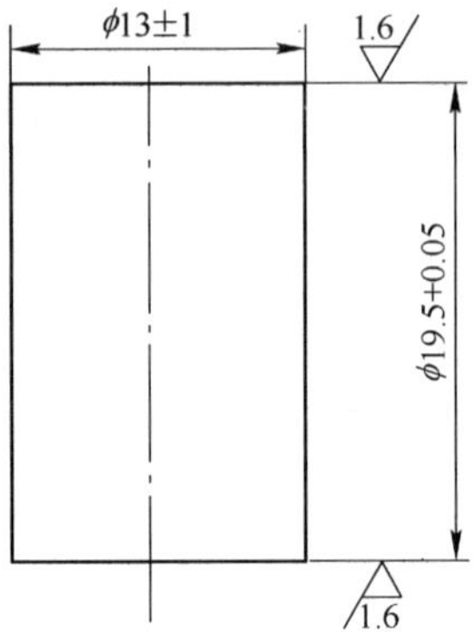

图3-11 试件尺寸

第四章

金属材料塑性成形过程参数测试技术实验

实验一　电阻应变片的粘贴及组桥

一、专业知识

应变片粘贴方法为：粘贴应变片之前，应先将弹性体表面清理干净，才能够使应变片粘贴牢固。最好用细砂布在弹性体表面即应变区域打磨至与应变片丝栅成45°，并根据要求在弹性体上画线，以确定贴片位置，再用氟利昂、丙酮或四氯化碳清洗弹性体表面的灰尘、油渍，拒绝用汽油清洗。然后在经过清洗的弹性体表面上，均匀涂刷一层黏合剂，等黏合剂稍干，即把应变片贴在画线位置，用手指滚压，把气泡和多余的黏合剂挤出，粘贴好的应变片按一定的规程（指规定的压力，升温、降温的速度及保温时间等）进行固化处理。

经固化和稳定后，应测量应变片电阻，来检查贴片过程中敏感丝栅和引线是否损坏。另外，还要测量引出线和弹性体之间的绝缘电阻，是否在所规定的范围之内。

应变片引线最好采用中间连接片引出。为了确保应变片工作的长期稳定性，应采取防潮、防水等措施，如在应变片及其引出线上涂以石蜡、松香混合物作为保护层，将应变片全覆盖。

二、实验目的

本实验的目的如下：

（1）了解什么是应变片，掌握应变片粘贴工艺；

（2）测量矩形截面梁在横弯时指定截面的最大应变值，比较和掌握不同组桥方式如何提高测量灵敏度的方法。并求出各种组桥方式下的桥臂系数 B；

（3）测量矩形梁在横弯条件下指定截面的应力分布规律，并与理论值进行比较。

三、实验原理

在平面弯曲条件下，矩形截面梁任一截面上的应力沿高度的变化可按式4-1计算：

$$\sigma = \frac{MZ}{J_y} \tag{4-1}$$

式中 M——该截面上的弯矩，N·m；

J_y——截面惯性矩，N·m；

Z——所求点至中性轴的距离，m。

其最大应力产生在上、下表面，最大值为：

$$\sigma_{\max} = \frac{M}{W} \tag{4-2}$$

式中 W——梁的抗弯截面系数。

式4-1是在平面假设的条件下推导出来的，可通过实验来验证是否正确。

本实验指定截面的电阻应变片布置如图4-1所示。如果对应实验机施加的初载荷和末载荷时，通过应变仪读出的测量值为初读数和末读数。此时各片电阻片的测量应变值为：

$$\varepsilon_{仪} = \Delta\varepsilon = \varepsilon_n - \varepsilon_0 \tag{4-3}$$

得到上述测量值，通过灵敏系数修正为实际应变值，通过式4-2即可计算出各点的应力值。

本实验在梁的上下表面各布置了两枚电阻片，以便用于各种组桥方式测定最大应变值，并比较各种组桥方式下的灵敏度大小。

四、实验设备及材料

本实验是将矩形截面梁安置在WDW-3020型电子万能实验机上，梁的受力方式为三点弯曲。通过实验机的控制面板操作实验机，实现对三点弯曲梁加载，施加的载荷由控制面板读出。在指定截面上沿梁的高度分布有7枚电阻应变片，施加到额定载荷时，由数字式电阻应变仪读出每枚电阻应变片所感受的应变值。装置简图如图4-1所示。

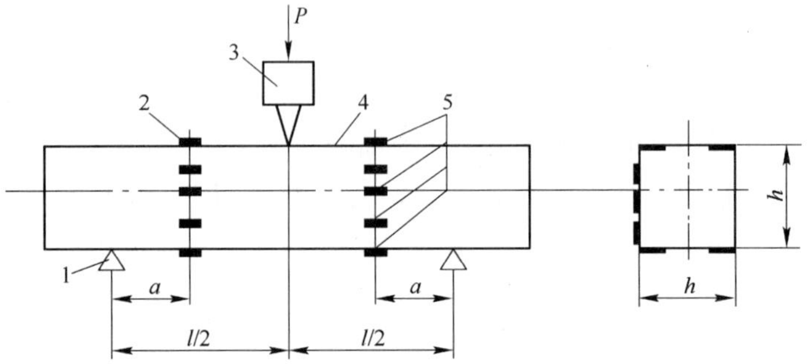

图4-1 数字电阻应变仪装置简图

1—支座；2—电阻应变片；3—实验机压头；4—矩形截面梁；5—电阻应变仪

实验所需的设备包括：

（1）电子万能实验机（型号、编号）；

（2）矩形截面梁1根；

（3）电阻应变仪及接线箱（型号、编号）。

五、实验内容及步骤

测量矩形截面梁指定截面的应力分布规律。按实验步骤3对梁上7片电阻片逐点进行单臂测量，将各片的读数记入预先准备好的表格中，并及时计算出各点的应变差值 $\Delta\varepsilon=\varepsilon_n-\varepsilon_0$，以便检查读数是否稳定正确。每点的有效数据必须有不少于两遍的应变差值。

利用梁的上下表面的共4枚电阻片，按下述组桥方式进行测量，求出该截面的最大应变值 ε_{max}，以便求出该截面的弯矩 M。并求出不同组桥方式的桥臂系数 B：

（1）半桥测量：将上述4枚电阻片中选取应变符号相反的两片组成半桥测量；

（2）对臂测量：将上述4枚电阻片中选取应变符号相同的两片组成对臂测量；

（3）全桥测量：将上述4枚电阻片组成全桥测量。

以上各种组桥方式均按实验步骤3进行重复测量，直至得到稳定的结果。

具体的实验步骤如下：

（1）检查试验用矩形截面梁的加力点位置与支座位置是否正确（以梁上刻线为准），梁的截面尺寸由同学自己测量。

（2）根据试样尺寸及力学性能指标计算试验的许可载荷，并确定初载荷 P_0 及末载荷 P_n，单位为牛（N）。

（3）熟悉并掌握实验机的操作规程和控制面板的功能设置，电阻应变仪的使用，设置试验的负荷定载值，该值稍大于 P_n 值，以便使试样不因误操作造成试样的损坏。启动实验机预加载荷到 P_0 值，按实验内容要求，先进行单臂测量，将电阻片的引线接至电阻应变仪及接线箱上，测量应变沿梁高度的分布规律。待仪器稳定后，测量并记录相应的初始应变读数 ε_0 或将应变仪调零。然后将载荷加至 P_n 值并测量出对应末载时的应变仪读数 ε_N，求出两次读数差值。共重复加卸载2~3次，每次 $\Delta\varepsilon$ 相对误差不超过5%。否则应检查接线是否牢靠，仪器工作是否正常，排除故障后重做，然后进行各种组桥方式的测量。

（4）完成全部试验内容，实验数据经教师检查合格后，卸掉载荷、关闭电源、拆下引线、整理好实验装置，将所用工具放回原处后方可离开实验室。

六、实验报告要求

实验后必须书写实验报告，报告要求写明实验名称，主要内容包括：

（1）实验目的。

（2）画出实验装置简图，标注仪器设备的名称、型号、精度及编号。

（3）试验原理简述。

（4）根据实际操作列出试验内容及实验步骤。

（5）试验数据的整理及结果计算，应列出计算公式，结果以表格形式给出。应包括以下内容：

1）将各类原始数据以表格的形式列出。

2）计算所测截面各点的应力值。根据 ΔP 及梁的几何尺寸，计算理论应力值 $\sigma_{理}$；由测量的结果 $\varepsilon_{仪}$，根据应变修正公式得出各点的实际应变值 $\varepsilon_{实}$，$\varepsilon_{实}$ 可按式4-4计算：

$$\varepsilon_{实}=\frac{K_{仪}}{K_{片}}\varepsilon_{仪}=\mu\varepsilon \tag{4-4}$$

式中，$\mu=1\times10^{-6}$。

实际应变值按照虎克定律公式，计算各点实测应力 $\sigma_{实}=E\varepsilon_{实}$。

用坐标纸画出 $\sigma_{理}-Z$ 和 $\sigma_{实}-Z$ 的关系曲线，梁上下表面两点数据各取平均值，分别作为1个点，用最小二乘法原理回归成线性方程，以此方程画出 $\sigma_{实}-Z$ 曲线，并给出相关系数 γ。

计算各种组桥方式的桥臂系数 B_i：

$$B_i = \frac{\varepsilon_i}{\bar{\varepsilon}_{仪}} \tag{4-5}$$

式中 B_i——不同组桥方式下的桥臂系数；

ε_i——不同组桥方式下应变仪测量的应变值；

$\bar{\varepsilon}_{仪}$——参与组桥电阻片单臂测量值得平均值。

计算梁上下表面最大应力的实验值与理论值的相对误差，并分析产生误差的原因。

$$\delta = \frac{\sigma_{理} - \sigma_{实}}{\sigma_{理}} \times 100\% \tag{4-6}$$

实验二　测力传感器的静态标定

一、专业知识

任何一种传感器在装配完后都必须按设计指标进行全面严格的性能鉴定。使用一段时间后（中国计量法规定一般为1年）或经过修理，也必须对主要技术指标进行校准试验，以便确保传感器的各项性能指标达到要求。传感器标定就是利用精度高一级的标准器具对传感器进行定度的过程，从而确立传感器输出量和输入量之间的对应关系。同时也确定不同使用条件下的误差关系。为了保证各种被测量值的一致性和准确性，很多国家都建立了一系列计量器具（包括传感器）检定的组织、规程和管理办法。工程测量中传感器的标定，应在与其使用条件相似的环境下进行。为获得高的标定精度，应将传感器及其配用的电缆（尤其像电容式、压电式传感器等）、放大器等测试系统一起标定。

根据系统的用途，输入可以是静态的也可以是动态的。因此传感器的标定有静态和动态标定两种。现行的静态测力传感器除特殊要求外，均是采用应变片式，其基本结构是在一个弹性材料体上紧密贴附一组或多组高精度应变片桥组成；动态测力传感器还要附加特殊装置（如：加速度补偿器）等。

一般应变片式测力传感器的工作原理是：当外力作用在弹性体上时（不超出该材料或构件的弹性极限），该弹性体产生相应的弹性变形，使紧密贴附的应变片产生适时变形使应变桥路输出相应的阻值变化，在外激励电压作用下产生一个适时相应的直流电平。外接电路再将此电平转换为可用于所需的控制或记录的信号。当然，附加外力去除后，弹性体恢复原态，应变桥的输出也回复为初始平衡状态。因此，通常将无外力作用时的应变桥平衡状态称为“零负荷”；相应应变桥输出达到最大阻值时称为“满负荷”。

二、实验目的

本实验的目的如下：

（1）学习 YJD－1 型电阻应变仪的使用方法；

（2）学习测量装置静态特性的标定方法；

（3）掌握用分析软件对静态装置静态特性的标定方法；

（4）学习掌握电阻应变片的粘贴技术。

三、实验原理

主要用于检验测试传感器的静态特性指标，如线性度、灵敏度、滞后和重复性等。

根据传感器的功能，静态标定首先需要建立静态标定系统，其次要选择与被标定传感器的精度相适应的一定等级的标定用仪器设备。图4-2为应变式测力传感器静态标定设备系统框图。测力机用来产生标准力，高精度稳压电源经精密电阻箱衰减后向传感器提供稳定的电源电压，其值由数字电压表读取，传感器的输出由高精度数字电压表读出。

由上述系统可知，传感器的静态指标系统一般由以下几部分组成：

（1）被测物理量标准发生器，如测力机。

(2) 被测物理量标准测试系统。如标准力传感器、压力传感器、标准长度量规等。

(3) 被标定传感器所配接的信号调节器和显示、记录器等。所配接的仪器精度应是已知的，也作为标准测试设备。

各种传感器的标定方法不同，常用力、压力、位移传感器标定。

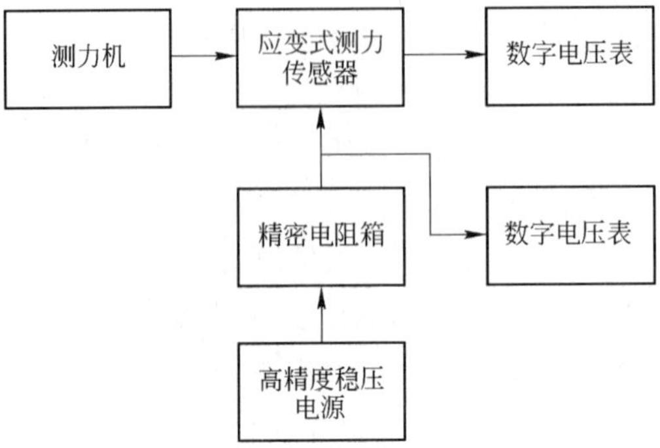

图 4-2 应变式测力传感器静态标定设备系统框图

四、实验设备及材料

实验所用的设备和材料如下：

(1) YJD－1 型电阻应变仪；

(2) 计算机及分析软件；

(3) 电阻应变式传感器。

五、实验内容及步骤

按照实验内容和步骤进行操作，具体如下：

(1) 粘贴应变片：

1) 惠斯登电桥挑选两个电阻值 120Ω 左右的电阻应变片，阻值差小于 0.5；

2) 砂纸打磨等强度梁，去除污物，用酒精清洗；

3) 用 502 胶水粘贴电阻应变片（1 片粘在受力的位置，另 1 片粘在不受力的位置）；

4) 用万用表检查有无短路、断路，引线与等强度梁间的绝缘电阻应大于 150MΩ；

5) 焊接导线，并用胶带纸固定，在常温下，放置 24h 后，方可使用。

(2) 仪器的操作使用方法：

1) 连接电桥：将应变式传感器的应变片引出线分别接于 A、B、C 三点，并将接线柱旋紧，组成半桥单臂测量电路；

2) 调整灵敏系数盘 K，使之与应变片的灵敏系数 K 相符；

3) 检查指示器指针是否准确的停止在机械零位，否则必须校正后方可工作；

4) 检查微调，中调，粗调 3 个调节旋钮，是否都指在零位；

5) 经指导老师检查无误后，方可打开电源；

6) 将选择开关旋到“预”上，调节“电阻平衡”，“电容平衡”两电位器，使指示电表的指针指于零位，然后将开关旋到“静”的位置，再调节“电阻平衡”使指针指于零位，在“预”、“静”反复调整几次后，此时电桥已调平衡；

7）仔细观察 3min，电表指针不应有漂移；

8）进行加载，指针偏移零位，旋转“微调”旋钮使指针指回零位，记下此时“微调”旋钮读数。加载：100g，200g，300g，400g，500g 记录读数并填于表 4-1 中；

9）依次卸载并记录读数。注意卸载至零载荷时，不要忘记将微调旋钮读数记录下来并填于表 4-1 中。

表 4-1　数据记录

载　荷	0	100	200	300	400	500
加　载						
卸　载						

（3）计算机演示实验：

1）打开计算机；

2）双击桌面上的“快捷方式”；

3）进入“机械工程测试技术基础实验”点击“开始”；

4）进入实验，点击实验一“应变式传感器的标定”；

5）将实验记录的各数据分别填入，点“作图”；

6）按端点线性、最小二乘法两种方法作出拟合直线，求出线性误差；

7）绘出回程误差特性曲线，并确定其回程误差 H；

8）确定本测力传感器的静态灵敏度 S。

（4）用分析软件进行数据处理。

1）非线性度：

① 端点线性：是生产中选择拟合直线的一种简便方法。具体做法是：以定度曲线的首尾（即额定最小和最大值）相连的直线作为所选择的拟合直线，如图 4-3 所示。线性误差计算见式 4-7。

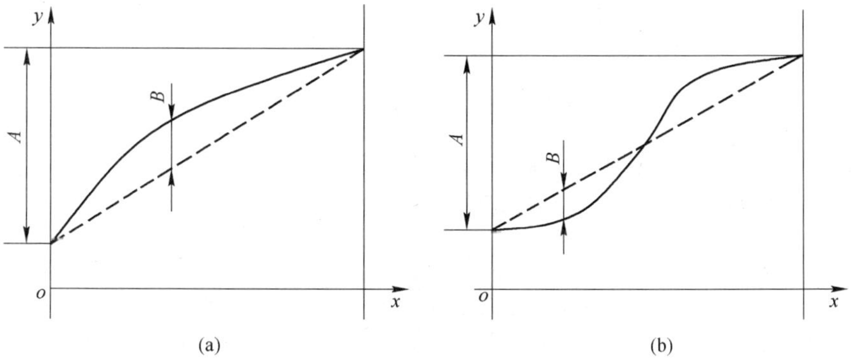

图 4-3　端点线性拟合

$$L_f = \frac{B}{A} \times 100\% \tag{4-7}$$

式中 L_f——相对线性误差；

B——距拟合直线最大偏差的绝对值；

A——输入为最大值时的输出值。

② 最小二乘法线性：最小二乘法拟合直线的拟合原则就是为最小值。为定度曲线和拟合直线第 i 对应值之间的残差。最小二乘法拟合直线的方程为式 4-8：

$$y = Kx + b \tag{4-8}$$

式中 K——拟合直线的斜率；

b——拟合直线与纵坐标的截距。

斜率 K 和截距 b 可按式 4-9 和式 4-10 计算：

$$K = \frac{n\sum x_i y_i - \sum x_i \sum y_i}{n\sum x_i^2 - (\sum x_i)^2} \tag{4-9}$$

$$b = \frac{n\sum x_i^2 \sum y_i - \sum x_i \sum x_i y_i}{n\sum x_i^2 - (\sum x_i)^2}$$

由式 4-8 作出拟合直线，此直线为最佳拟合直线，于是可求出线性误差。用最小二乘法求得的拟合直线的拟合精度最高，但计算比较繁琐。

2）回程误差（H）：也称滞后或差变。它表明测试系统在正、反行程期间输出-输入曲线不重合的程度。回程误差的大小一般由试验确定。其值以正反行程时定度曲线间的最大距离 h 或 h 和 A 之比的百分数表示，如图 4-4 所示。

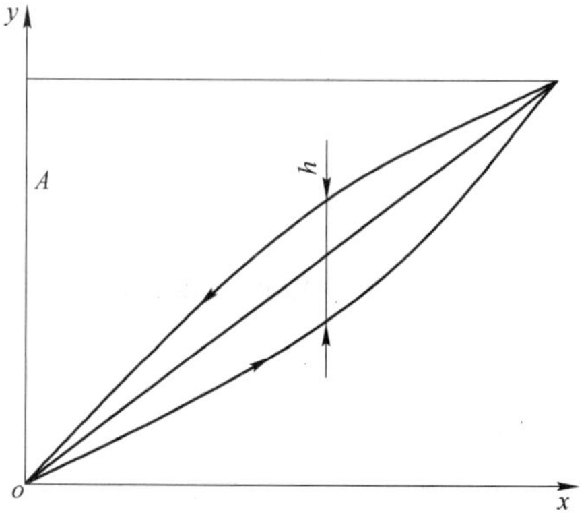

图 4-4 回程误差大小的确定

3）灵敏度（S）：表示输出变化量与输入变化量之比。线性测量装置定标曲线的拟合直线的斜率就是其静态灵敏度。灵敏度可由式 4-10 求得：

$$S = \frac{\Delta y}{\Delta x} \tag{4-10}$$

式中 Δy——输出量的变化量；

Δx——输入量的变化量。

灵敏度有量纲，指每单位输入量所得输出量的大小。

六、实验报告要求

实验后每个人都必须书写实验报告，报告要写明实验名称，主要内容包括：

（1）明确实验目的，简单介绍实验目的。

（2）画出实验系统框图。

（3）实验数据处理电阻应变式测力传感器静态特性指标评定：

1）非线性度；

2）按端点线性、最小二乘法两种方法作出拟合直线、求出线性误差；

3）绘出回程误差特征曲线，并确定其回程误差 H；

4）确定本测力传感器的静态灵敏度 S。

（4）心得体会及对实验的改进意见。

实验三 轧制压力的测定

一、专业知识

轧制是将金属坯料通过一对旋转轧辊的间隙（各种形状），因受轧辊的压缩使材料截面减小，长度增加的压力加工方法，这是生产钢材最常用的生产方式，主要用来生产型材、板材、管材。轧制有热轧和冷轧两种。

轧制压力是指用测压仪在压下螺丝下实测的总压力，即轧件给轧辊的总压力的垂直分量。在简单轧制情况下，轧件对轧辊的合力方向才是垂直的；非简单轧制合力的方向不是垂直的，有一个水平分量，此时轧件作用于轧辊的合力方向是偏向于出口侧的。如有张力的轧制等，此时在压下螺丝下用测压仪实测的力仅为合力的垂直分量。

二、实验目的

本实验的目的如下：

（1）掌握轧制压力的测定方法；

（2）掌握平均单位压力与变形区参数之间的关系。

三、实验原理

本实验类型为综合性实验。用标定好的轧制压力传感器取代轧钢机上的安全臼，测出轧件通过轧辊两个轴承座传递给轧制压力床的轧制压力，两个传感器所测压力之和即为总轧制压力。

四、实验设备及材料

实验所用的设备和材料如下：YD－15 型动态电阻应变仪、SC－16 型光线示波器、试验轧钢机、电桥盒、轧制压力传感器、游标卡尺等。

五、实验方法及步骤

按照实验内容和步骤进行操作，具体如下：

（1）将标定好的轧制压力传感器取代轧钢机上的安全臼，放在轴承座与压下螺丝之间；

（2）保持标定时各仪器设备状态参数不变，正确开启使用仪器设备；

（3）测量轧件原始尺寸及辊身直径，并做原始记录；

（4）每组试件轧制 3 道次，末道次压下量保持不变，测量轧后尺寸并做记录；

（5）轧制过程中按下示波器的拍摄按钮，记录压力信号；

（6）测量压力信号的光电高度值 h，h 取平均值 h_1、h_2，根据标定曲线 $P=f(h)$ 计算出每个传感器所测压力 P_1、P_2，轧制压力 $P=P_1+P_2$；

（7）根据所测数据计算平均单位压力 P' 和变形区参数（l/h'），公式如下：

$$b'=(B+b)/2, h'=(H+h)/2, l=\sqrt{R\delta H}$$

$$l/h' = 2\sqrt{R\delta H}/(H+h)$$

$$P_Z = P_1 + P_2, S = b' \cdot l = [(B+b)/2] \cdot \sqrt{R\delta H}$$

$$P' = P_Z/S$$

（8）将所得数据填于表 4-2 中。

表 4-2　实验数据

件号	轧前尺寸 $H \times B$ /mm × mm	轧后尺寸 $h \times b$ /mm × mm	高度变化量 δh /mm	宽度变化量 δb /mm	变形区参数 l/h'	光电高度 h_1/mm	轧制压力 P_1/kN	光电高度 h_2/mm	轧制压力 P_2/kN	平均压力 P_Z/kN	平均单位压力 P' /MPa
1											
2											
3											

六、实验报告要求

实验后每个人都必须书写实验报告，报告要写明实验名称，主要内容包括：

（1）画出 $P = f(h')$ 的实验曲线，说明变形区参数与平均单位压力的关系；

（2）分析实验过程中误差产生的原因。

实验四 超声无损检测技术实验

一、专业知识

无损检测技术又称非破坏检查技术（Non-Destructive Testing），就是以不使被检查物使用性能及形态受到损伤为前提，通过一定的检测手段来检测或测量、显示和评估物质中因有缺陷或组织结构上的差异存在而会使某些物理性质的物理量发生变化的现象，从而了解和评价材料、产品、设备构件直至生物等的性质、状态或内部结构等的一种特殊的检测技术。

材料无损检测技术主要用于未知工艺缺陷的检验。它是对破坏性检验的补充和完善，因而具有一系列其他方法所不能比拟的优点，概括起来，无损检测的特点主要是：非破坏性、互容性、动态性、严格性以及检测结果的分歧性等。(1) 非破坏性。指在获得检测结果的同时，除了剔除不合格品外，不损失零件。因此，检测规模不受零件多少的限制，既可抽样检验，又可在必要时采用普检。因而，更具有灵活性（普检、抽检均可）和可靠性。(2) 互容性。指检验方法的互容性，即同一零件可同时或依次采用不同的检验方法；而且又可重复地进行同一检验，这也是非破坏性带来的好处。(3) 动态性。无损探伤方法可对使用中的零件进行检验，而且能够适时考察产品运行期的累计影响。因而，可查明结构的失效机理。(4) 严格性。指无损检测技术的严格性。首先无损检测需要专用仪器、设备，同时也需要专门训练的检验人员，按照严格的规程和标准进行操作。(5) 检验结果的分歧性。不同的检测人员对同一试件的检测结果可能有分歧。特别是在超声波检验时，同一检验项目要由两个检验人员来完成。

无损检测技术虽然是第二次世界大战后才发展起来的一门新兴的综合性工程科学，但到目前为止，已经广泛用于金属材料、非金属材料、复合材料及其制品以及一些电子元器件等的检测。此外，无损检测技术在农作物优种和病虫害防治、自然灾害监测与预防、文物保护、资源勘探、军事侦察、科学研究、新材料研究、新工艺开发、新产品研制等诸多方面都大有其用武之地。在国际上，无损检测技术已经获得工程人员的普遍认同。甚至有人认为，一个国家、一个地区、一个行业，直至一个企业的工业技术水平都可以通过其无损检测技术的水平来反映。

(1) 常见的无损检测技术：目前，无损检测技术已经获得了很大的发展，其应用的领域不断拓展，各种新的无损检测方法也不断涌现出来。常用的无损测试技术有：

1）射线检测（Radiographic Testing，简称 RT）。利用 X 射线、γ 射线或高能射线在穿透被检物各部分时强度衰减的不同，检测被检物的缺陷。若将受到不同程度吸收的射线投射到 X 射线胶片上，经显影后可得到显示物体厚度变化和内部缺陷情况的照片。如用荧光屏代替胶片，可直接观察被检物体的内部情况。射线检测适用于材料内部体积型缺陷，如孔洞、夹杂、未焊透等；对于面积缺陷（如裂纹等）有选择性：即缺陷平面与射线透照方向平行或接近平行时非常适用；而当缺陷平面与射线透照方向垂直时极不敏感，易出现漏检。

2）超声检测（Ultrasonic Testing，简称 UT）。利用物体自身或缺陷的声学特性对超声波传播的影响，来检测物体的缺陷或某些物理特性。在超声检测中常用的超声频率为0.5~10MHz。最常用的超声检测是脉冲探伤。超声检测适用于大多数缺陷的检测，但检出容易，定量难。不易发现细小裂纹。另外，由于检测系统存在盲区，故不适合薄板的检测。

3）声发射检测（Acoustic Emission，简称 AE）。通过接收和分析材料的声发射信号来评定材料的性能或结构完整性。材料中因裂缝扩展、塑性变形或相变等引起应变能快速释放而产生应力波的现象称为声发射。材料在外部因素作用下产生的声发射，被声传感器接收转换成电信号，经放大后送至信号处理器，从而测量出声发射信号的各种特征参数。

4）渗透检测（Penetrant Testing，简称 PT）。利用某些液体对狭窄缝隙的渗透性来探测表面缺陷。常用的渗透液为含有有色染料或荧光的液体。渗透检测适用于各种材料表面的开口型缺陷的检测（如裂纹、针孔等）；但不适用多孔型材料。

5）磁粉检测（Magnetic particle Testing，简称 MT）。通过磁粉在物体缺陷附近漏磁场中的堆积来检测物体表面或近表面处的缺陷，被检测物体必须具有铁磁性。磁力检测适合铁磁性材料的表面缺陷及近表面缺陷的探伤；不适用于非铁磁性材料，如铜、铝、奥氏体钢等；此外，中子射线照相法、激光全息照相法、超声全息照相法、红外检测、微波检测等无损测试新技术也得到了发展和应用。

（2）超声无损检测技术的典型应用。

1）锻件检测：锻件中的缺陷主要来源于两个方面：一方面，材料铸造过程中形成的缩孔、缩松、夹杂及偏析等；热处理中产生的白点、裂纹和晶粒粗大等。另一方面，锻件的种类和规格繁多，常见的类型有：饼盘件、环形件、轴类件和筒形件等。锻件中的缺陷多呈现面积形或长条形的特征。由于超声检测技术对面积形缺陷检测最为有利，因此，锻件是超声检测实际应用的主要对象。根据锻件超声检测的特点，锻件可采用接触法或液浸法进行检测。锻件的组织很细，由此引起的声波衰减和散射影响相对较小。因此，锻件上有时可以应用较高的检测频率（>10MHz），以满足高分辨力检测的要求，以及实现较小尺寸缺陷检测的目的。

2）铸件检测：铸件具有组织不均匀、组织不致密、表面粗糙和形状复杂等特点，因此常见缺陷有孔洞类（包括缩孔、缩松、疏松、气孔等）、裂纹冷隔类（冷裂、热裂、白带、冷隔和热处理裂纹）、夹杂类以及成分类（如偏析）等。铸件的上述特点，形成了铸件超声检测的特殊性和局限性。检测时一般选用较低的超声频率，如0.5~2.0MHz，因此检测灵敏度也低，杂波干扰严重，缺陷检测要求较低。铸件检测常采用的超声检测方法有直接接触法、液浸法、反射法和底波衰减法。

3）焊接接头检测：许多金属结构件都采用焊接的方法制造。超声检测是对焊接接头质量进行评价的重要检测手段之一。焊缝形式有对接、搭接、T 形接、角接等。焊缝超声检测的常见缺陷有气孔、夹渣、未熔合、未焊透和焊接裂纹等。焊缝探伤一般采用斜射横波接触法，在焊缝两侧进行扫查。探头频率通常为2.5~5.0MHz。发现缺陷后，即可采用三角法对其进行定位计算。仪器灵敏度的调整和探头性能测试应在相应的标准试块或自制试块上进行。

4）复合材料检测：复合材料是由两种或多种性质不同的材料轧制或黏合在一起制成的。其黏合质量的检测主要有接触式脉冲反射法、脉冲穿透法和共振法。脉冲反射法适用于复合材料是由两层材料复合而成，黏合层中的分层多数与板材表面平行的情况。用纵波检测时，黏合质量好的，产生的界面波会很低，而底波幅度会较高；当黏合不良时，则相反。

5）非金属材料的检测图：超声波在非金属材料（木材、混凝土、有机玻璃、陶瓷、橡胶、塑料、砂轮、炸药药饼等）中的衰减一般比在金属中的大，多采用低频率检测，一般为20～200kHz，也有用2.0～5.0MHz的。为了获得较窄的声束，需采用晶片尺寸较大的探头。塑料零件的探测一般采用纵波脉冲反射法；陶瓷材料可用纵波和横波探测；橡胶检测频率较低，可用穿透法检测。

二、实验目的

本实验的目的如下：

（1）了解材料分析中常用的几种无损检测方法：超声波检测、射线检测、渗透检测和磁粉检测等，掌握各自的原理及其适用范围。

（2）要求学生通过进行超声波检测实验，了解超声无损检测方法所用的仪器设备的构成和主要性能，设备的基本操作方法。

（3）掌握超声检测时缺陷信号的辨别和缺陷定位与定量的基本方法。

（4）通过典型的超声波检测实验，加强学生对无损检测基本概念、所用仪器设备和典型缺陷的评定方法的理解，培养学生运用所学理论解决实际问题的能力，分析和综合实验结果以及撰写实验报告的能力。

三、实验原理

（1）超声无损检测原理。

超声检测（UT）是利用其在物质中传播、界面反射、折射（产生波型转换）和衰减等物理性质来发现缺陷的一种无损检测方法。具体来说，在均匀的材料中，缺陷的存在将造成材料的不连续，这种不连续往往又造成声阻抗的不一致，由反射定理知道，超声波在两种不同声阻抗介质的交界面上将会发生反射，反射回来的能量大小与交界面两边介质声阻抗的差异和交界面的取向、大小有关。脉冲反射式超声波探伤仪就是根据这个原理设计的。目前便携式的脉冲反射式超声波探伤仪大部分是A扫描方式的，所谓A扫描显示方式即显示器的横坐标是超声波在被检测材料中的传播时间或者传播距离，纵坐标是超声波反射波的幅值。譬如，在一个钢工件中存在一个缺陷，由于这个缺陷的存在，造成了缺陷和钢材料之间形成了一个不同介质之间的交界面，交界面之间的声阻抗不同，当发射的超声波遇到这个界面之后，就会发生反射，反射回来的能量又被探头接收到，在显示屏幕中横坐标的一定位置就会显示出来一个反射波的波形，横坐标的这个位置就是缺陷在被检测材料中的深度。这个反射波的高度和形状因不同的缺陷而不同，反映了缺陷的性质。

超声检测（UT）目前已经获得了较为广泛的应用。超声检测可以细分为超声波探伤和超声波测厚，以及超声波测晶粒度、测应力等。超声无损检测技术按不同的标准可以分为不同的类别，主要有：按其工作原理不同分为：共振法、穿透法、脉冲反射法超声检测；按显示缺陷方式不同分为：A型、B型、C型等超声检测；按选用超声波波型不同分为：纵波法、横波法、表面波法超声检测；按声耦合方式不同分为：直接接触法、液浸法超声检测。其中，脉冲反射法是根据缺陷的回波和底面的回波进行判断，穿透法是根据缺陷的阴影来判断缺陷情况，而共振法是根据被检物产生驻波来判断缺陷情况或者判断板厚。因为超声回波频谱含有关于固体中不连续性的结构和材料显微组织的信息，故采用穿透法来对试件进行检测试验，从而得到超声衰减频谱。而且穿透法可以避免反射法探测的盲区，提高检测范围。所以本实验选用超声穿透法对样品进行检测试验，检测原理如图 4-5 所示，把超声波射入被检物的一面，然后在同一面接收从缺陷处反射回来的回波，根据回波情况来判断缺陷的情况。

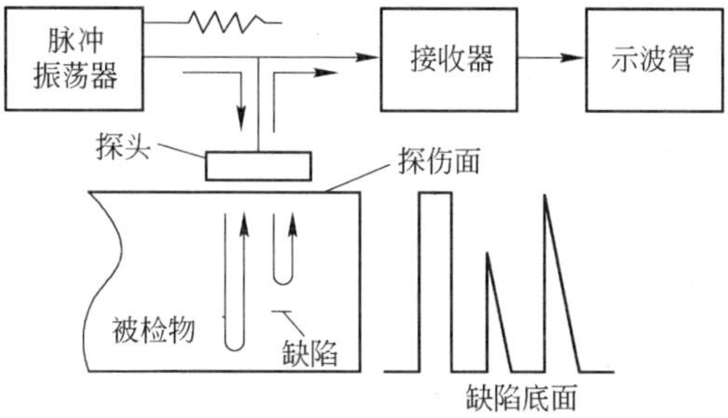

图 4-5 脉冲回波探伤原理示意图

（2）检测条件的选择原则。

1）探头的选择。①频率：超声波的频率在很大程度上决定了其对缺陷的探测能力。频率的选择可以这样考虑：对于小缺陷、近表面缺陷或薄件的检测，可以选择较高频率；对于大厚度试件、高衰减材料，应选择较低频率。在灵敏度满足要求的情况下，选择宽带探头可提高分辨力和信噪比。针对具体对象，适用的频率需在上述考虑当中取得一个最佳的平衡，既要保证所需尺寸缺陷的检出，并满足分辨力的要求，也要保证在整个检测范围内具有足够的灵敏度与信噪比。②晶片尺寸：探头晶片尺寸对检测的影响主要是通过其对声场特性的影响体现出来。多数情况下，检测大厚度的试件时，采用大直径探头较为有利；检测厚度较小的试件时，则采用小直径探头较为合理。应根据具体情况，选择满足检测要求的探头。

对于纵波直入射法，可选用单晶直探头，其参数如公称频率和探头晶片与被检材料有关，若材料为低碳钢或低合金钢，可选用较高的检测频率，常用 2 ~ 5MHz，探头晶片尺寸为 ϕ14 ~ 25mm；若材料为奥氏体钢，为了避免出现“草状回波”，提高信噪比，可选择较低的频率和较大的探头晶片尺寸，频率常为 0.5 ~ 2MHz，晶片尺寸为 ϕ14 ~ 30mm。对于较小试件或为了检出近表面缺陷，考虑到探头的盲区和近场区的影响，还可选用双晶直探头，常用频率为 5MHz。对于横波检测，一般选择的斜探头进行检测。

2）耦合选择。选择耦合剂主要考虑以下几方面的要求：①透声性能好，声阻抗尽量和被探测材料的声阻抗相近；②有足够的润湿性、适当的附着力和黏度；③对试件无腐蚀，对人体无损害，对环境无污染；④容易清除，不易变质，价格便宜，来源方便。

接触法时，为了实现较好的声耦合，一般要求检测面的表面粗糙度不高于 6.3μm，表面平整均匀，无划伤、油垢、污物、氧化皮、油漆等。当在试块上调节检测灵敏度时，要注意补偿试块与工件之间因曲率半径和表面粗糙度不同引起的耦合损失，试件检测时，常用机油、糨糊、甘油等作耦合剂，当试件表面粗糙时也可选用黏度更大的水玻璃作耦合剂。水浸法时，对检测表面的要求低于接触法。

3）扫查方式的选择。试件探伤时，原则上应在探测面上从两个相互垂直的方向进行全面扫查，并尽可能地检测到试件的全体积，若试件厚度超过400mm时，应从相对两端进行100%的扫查。扫查覆盖面应为探头直径的15%，探头移动速率不大于150mm/s。扫查过程中要注意观察缺陷波的情况和底波的变化情况。

4）材质衰减系统的测定。当试件尺寸较大时，材质的衰减对缺陷定量有一定的影响。特别是若材质衰减严重时，影响更明显。因此，在试件检测中有时需要测定材质的衰减系数 α，衰减系数可以按式4-11进行测定：

$$\alpha = \frac{[B]_1 - [B]_2 - 6}{2x} \tag{4-11}$$

式中 $[B]_1, [B]_2$——试件无缺陷处第①、②次底波高的分贝差，dB；

x——底波声程（单程），mm。

值得注意的是：测定衰减系数时，探头所对试件底面应光洁干净，底面形状为大平底或圆柱面，$x \geqslant 3N$，测试处无缺陷。一般选取3处进行测试，最后取平均值。

对于铝合金细小夹杂物的检测，只有使用较高频率的超声波才能有足够的分辨力。由于声波传播过程中遇到较小的不连续界面时，能绕过其边缘继续前进，即产生衍射，故一般认为超声波探伤中能探测到的最小缺陷尺寸为 $\lambda/2$（λ 为波长）。根据超声波在铝中传播的声学特性，可以计算出要检测0.3mm的夹杂物，探头频率不能小于10MHz。因此选用10MHz直探头进行检测，并使用20号机油做耦合剂。由于超声信号幅值较低，且频带很宽，因此，放大电路必须有足够大的放大倍数和频带宽度。试验选用直流约100MHz的宽频带示波器对接收到的超声信号进行放大。设计的检测系统如图4-6所示，系统由超声信号发生仪、纵波直探头、高频示波器及探头夹具组成。检测时将两个超声换能器分别放置于被检测物体的两侧，一个换能器发射超声波，而另一换能器接收超声波，如图4-7所示。

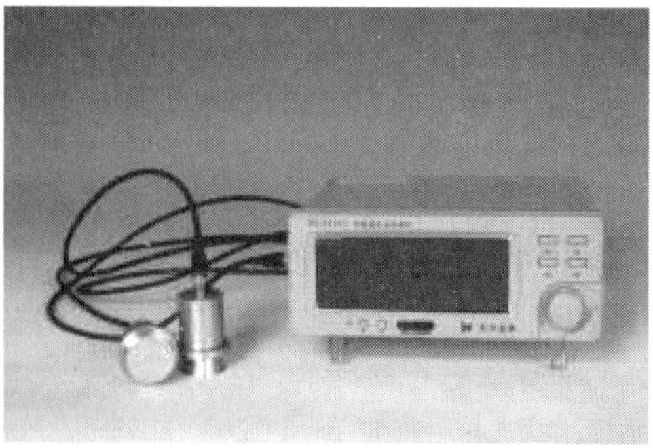

图4-6 超声无损检测系统

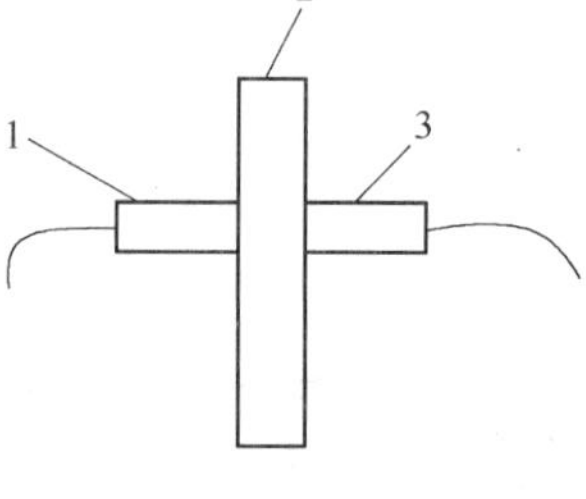

图4-7 超声检测示意图

1—发射探头；2—试件；3—接收探头

四、实验设备及材料

实验所用的设备和材料如下：

（1）设备：超声无损检测探伤仪、金相制样设备、金相显微镜。

（2）材料：ZL101 板材，规格为 100mm × 100mm × 20mm；耦合剂（20 号机油）。

五、实验内容及步骤

按照实验内容和步骤进行操作，具体如下：

（1）试验内容。

1）要求学生了解超声无损检测方法所用的仪器设备的构成和主要性能，设备的基本操作方法；掌握超声检测时缺陷信号的辨别和缺陷定位与定量的基本方法；

2）进行超声无损检测实验，检测 ZL101 铝合金板材试样中夹杂的分布状态及严重程度；

3）检测完成后，解剖上一步中所检测的试样，进行金相观察，验证超声无损检测的实验结果。

（2）实验步骤。

1）试样的制备：实验样品的准备应事先由实验指导教师准备好。检测前对被检试样进行表面处理，除去表面杂物，并对相关表面进行了机加工（不包括检测面）。放置被检试件的底座凹槽底面与底座底面的平行度定为 0.04，以使被检试件表面与底座垂直。底座上两个直径 24.50mm 的孔用来放置探头，其轴线与底座底面相互平行，其平行度定为 0.04，两孔同轴度定为 0.025，内孔表面粗糙度定为 1.6。这样就可以有效保证检测时声束能垂直入射。超声检测如图 4-7 所示。

2）用频率为 10MHz 的直探头对 10mm 的 ZL101 铝板，进行穿透法检测试验；并使用 20 号机油做耦合剂。为使放大电路必须有足够大的放大倍数和频带宽度，试验选用直流约 100MHz 的宽频带示波器对接收到的超声信号进行放大。

3）对试验波形进行采样：检测时，由超声信号发生仪激励发射探头产生超声信号通过试件到达接收探头后，直接输入高频示波器的 Y 轴放大端进行放大显示。通过缓慢移动试件来完成对整个试件的检测。然后将采集到的数据输入计算机进行数据处理。

4）对采样数据进行频谱分析及数据处理：检测前，首先选定一个坐标轴作为参考基准线，参考基准线确定后，在检测过程中固定 X、Y 轴移位、“V/s”旋钮和“t/cm”旋钮。检测时，在同步脉冲信号的作用下，超声波的波形可稳定地显示在示波器荧光屏上（如图 4-6 所示）。因为示波器时基系统在荧光屏 X 轴上每厘米的扫描速度是已知的，所以荧光屏上 X 轴的读数可以表示超声波传播的相对时间，Y 轴则代表超声声压。对示波器所显示波形进行拍照后，用 MOVIAS100 型影片分析仪采集数据。这种人工采集数据的方法虽然采集速度比较慢，但由于可以比较准确地把超声信号的每个特征点采集到，避免了由于采集频率不足所造成的信息丢失及信号失真。

为了尽量减少不必要的谱泄漏，采集数据时应对实验波形加窗后进行采集，窗函数的选择应注意以下两点：①信号在窗的边缘为 0，这样就减小了截断所产生的不连续效应；②信号经过窗函数加权处理后不应该丢失太多信息。

为了改善谱的分辨率，应该使时间窗口足够的宽，使之能取得更多周期的信号。通过对实验波形的观察，人工采集数据的闸门宽度选为 3μs，在此情况下，丢失的超声衰减信号幅值仅为最高幅值的 5%。这样就基本保证截取了信号的全部有用信息。将采集到的数据送入计算机进行频谱分析。频谱分析采用修改的超声频谱分析软件进行分析。

5）根据频谱分析结果，并对被测试件进行解剖对比验证，利用金相观察法检查试样中所含缺陷的情况，建立夹杂物缺陷与频谱、幅值之间的对应关系，提出夹杂物大小的基本判据。

六、实验报告要求

实验后每个人都必须书写实验报告，报告要求写明实验名称，主要内容包括：

(1) 简述无损检测的几种基本方法及其原理和各自的适用范围；

(2) 写出本实验的目的，以及超声无损检测技术的基本原理；

(3) 详细写出实验的具体步骤，实验参数的选择；

(4) 描绘超声波检测法的检测结果，标明缺陷的位置，并评定缺陷大小；

(5) 将超声无损检测法测得的结果与金相观察方法所获得的实验结果进行比对和评判，分析实验中可能存在的问题并提出改进意见。

第五章

金属材料塑性成形综合技术实验

实验一　金属塑性成形综合实验

一、专业知识

在外力作用下金属材料通过塑性变形，获得具有一定形状、尺寸和力学性能的零件或毛坯的加工方法称为金属塑性成形。用来衡量压力加工工艺性好坏的主要工艺性能指标，即为金属的塑性成形性能。金属的塑性成形性好，表明该金属适用于压力加工。衡量金属的塑性成形性，一般从金属材料的塑性和变形抗力两个方面来考虑，材料的塑性越好，变形抗力越小，则材料的塑性成形性越好，越适合压力加工。在实际生产中，往往优先考虑材料的塑性。金属的塑性不是固定不变的，它受到许多内在因素和外在条件的影响。同一种材料，在不同的变形条件下，会表现出不同的塑性。因此，塑性是金属及合金的一种状态属性。它不仅与其化学成分、组织结构等内部因素有关，而且与变形速度、变形温度、变形程度、应力状态等外部因素有关。金属塑性加工的种类很多，根据加工时工件的受力和变形方式，基本的塑性加工方法有锻造、轧制、挤压、拉拔、弯曲、剪切等几类。其中锻造、轧制和挤压是依靠压力作用使金属发生变形的；拉拔和拉深是依靠拉力作用使金属发生塑性变形；弯曲是依靠弯矩作用使金属发生弯曲变形；剪切是依靠剪切力作用是金属产生剪切变形或剪断。锻造、挤压和一部分轧制多半在热态下进行加工；拉拔、冲压和一部分轧制，以及弯曲和剪切通常是在室温下进行的。

金属塑性成形的特点：（1）改善金属的组织、提高力学性能。金属材料经压力加工后，其组织、性能都得到改善和提高，塑性加工能消除金属铸锭内部的气孔、缩孔和树枝状晶等缺陷，并由于金属的塑性变形和再结晶，可使粗大晶粒细化，得到致密的金属组织，从而提高金属的力学性能。在零件设计时，若正确选用零件的受力方向与纤维组织方向，可以提高零件的抗冲击性能。（2）材料的利用率高。金属塑性成形主要是靠金属的体积重新分配，而不需要切除金属，因而材料利用率高。（3）较高的生产率。塑性成形加工一般是利用压力机和模具进行成形加工的，生产效率高。例如，利用多工位冷镦工艺加工内六角螺钉，比用棒料切削加工工效提高约400倍以上。（4）毛坯或零件的精度较高。应用先进的技术和设备，可实现少切削或无切削加工。例如，精密锻造的伞齿轮齿形部分可不经切削加工直接使用，复杂曲面形状的叶片精密锻造后只需磨削便可达到所需精度。

通常将塑性变形分为冷变形和热变形。冷变形是指再结晶温度以下的塑性变形。冷变形有加工硬化现象产生，但工件表面质量好。而热变形是指再结晶温度以上的塑性变形。热变形时加工硬化与再结晶过程同时存在，而加工硬化又几乎同时被再结晶消除。由于热变形是在高温下进行的，金属在加热过程中表面易产生氧化皮，使精度和表面质量较低。自由锻、热模锻、热轧、热挤压等工艺都属于热变形加工。

金属塑性变形时遵循的基本规律主要有最小阻力定律、加工硬化和体积不变规律等。

（1）最小阻力定律：最小阻力定律是指在塑性变形过程中，如果金属质点有向几个方向移动的可能时，则金属各质点将向阻力最小的方向移动。最小阻力定律符合力学的一般原则，它是塑性成形加工中最基本的规律之一。通过调整某个方向的流动阻力来改变某些方向上金属的流动量，以便合理成形，消除缺陷。

（2）加工硬化及卸载弹性恢复规律：金属在常温下随着变形量的增加，变形抗力增大，塑性和韧度下降的现象称为加工硬化。表示变形抗力随变形程度增大的曲线称为硬化曲线，如图 5-1 所示。在弹性变形范围内卸载，没有残留的永久变形，应力、应变按照同一直线回到原点，如图 5-1 所示的 *OA* 段。当变形超过屈服点 *A* 进入塑性变形范围，达到 *B* 点时的应力与应变分别为 σ_B、ε_B，再减小载荷，应力-应变的关系将按另一直线 *BC* 回到 *C* 点，不再重复加载曲线经过的路线。加载时的总变形量 ε_B 可以分为两部分，一部分 ε_t 因弹性恢复而消失，另一部分 ε_s 保留下来成为塑性变形。

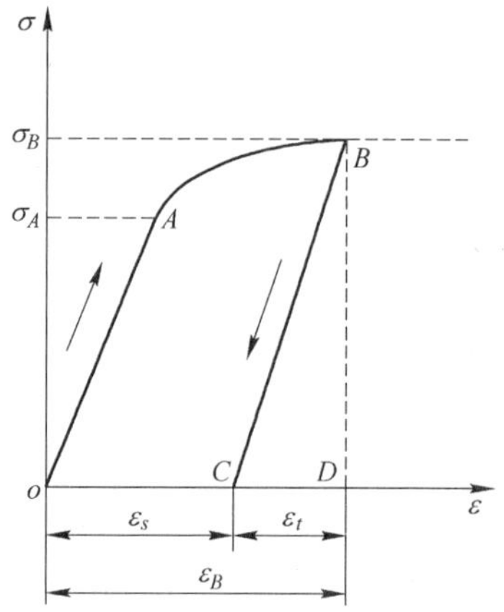

图 5-1 硬化曲线

如果卸载后再重新加载，应力应变关系将沿直线 *CB* 逐渐上升，到达 *B* 点，应力 σ_B 使材料又开始屈服，随后应力-应变关系仍按原加载曲线变化，所以 σ_B 又是材料在变形程度为 ε_B 时的屈服点。硬化曲线可以用函数式表达为：

$$\sigma = A\varepsilon_n$$

式中 *A*——与材料有关的系数，MPa；

n——硬化指数。硬化指数大，表明变形时硬化显著，对后续变形不利。

（3）塑性变形时的体积不变规律：体积不变规律是指金属材料在塑性变形前、后体积保持不变。根据体积不变规律，金属塑性变形时主应变状态只有 3 种。

本实验主要从 3 个方面来研究金属塑性变形，包括金属塑性成形、力学性能测试和显微组织观察。

二、实验目的

本实验的目的如下：

（1）通过压缩和轧制实验，了解常见金属塑性成形原理、主要工艺特点；

（2）掌握金属材料的常见力学性能的测试方法；

（3）观察实验中出现的实验现象，用理论知识解释其现象。

三、实验原理

（一）金属塑性成形

1. 压缩变形

以低碳钢为代表的塑性材料，轴向压缩时会产生很大的横向变形，但由于试样两端面与实验机支撑垫板间存在摩擦力，约束了这种横向变形，故试样中间部分出现显著的鼓胀，如图 5-2 所示。

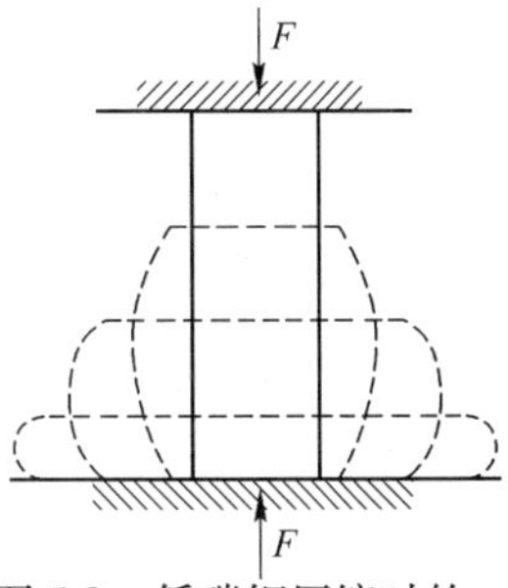

图 5-2 低碳钢压缩时的鼓胀效应

塑性材料在压缩过程中的弹性模量、屈服点与拉伸时相同，但在到达屈服阶段时不像拉伸试验时那样明显，因此要仔细观察才能确定屈服载荷。当继续加载时，试样越压越扁，由于横截面面积不断增大，试样抗压能力也随之提高，曲线持续上升。除非试样过分鼓出变形，导致柱体表面开裂，否则塑性材料将不会发生压缩破坏。因此，一般不测塑性材料的抗压强度，而通常认为抗压强度等于抗拉强度。

将圆柱体试样在压力机或落锤上进行镦粗，试样的高度一般为直径 D_0 的 1.5 倍（例如 $H_0 = 30\text{mm}$，$D_0 = 20\text{mm}$），试样侧表面出现第一条裂纹时的压缩程度 ε_c 作为塑性指标，即

$$\varepsilon_c = (H_0 - H_K)/H_0 \times 100\%$$

式中 H_K——镦粗试样侧表面出现第一条裂纹时的高度，mm。

2. 板材轧制

轧制是指金属在两个旋转的轧辊之间进行塑性变形的过程。其目的不仅是改变金属的形状（断面减小、形状改变、长度增加），而且也使金属获得一定的组织和性能。主要用来生产型材、板材、管材。分冷轧、热轧。轧制有热轧和冷轧两种。目前轧制产品的种类和规格达数万种，本实验只对简单的平辊轧板材进行实验。

轧件入口厚度为 H_0，轧后厚度为 H_k，轧前厚度差 $\Delta H = H_0 - H_k$ 称为压下量，用以下几何关系表示：

$$\Delta h = 2R(1 - \cos\alpha)$$

式中 R——轧辊半径，mm；

α——咬入角，(°)。

与 α 相应的弧长称为接触弧，其水平投影称为变形长度 l，由图 5-2 可知：

$$l = \sqrt{R\Delta H - (\frac{\Delta H^2}{4})} \approx \sqrt{R\Delta H}$$

轧件受压下变形后，向长度方向延伸，由轧前长度 L_0 变为轧后长度 L_1，同时有横向宽展。轧件长度延伸的参数是延伸系数 λ，且为 $\lambda = L_1/L_0$。压下变形可用压下系数 η 表示，$\eta = H_0/H_1$，或用压下率 $\varepsilon\%$ 表示，且 $\varepsilon\% = (\Delta H/H_0)\%$。工程中广泛用的是宽展 ΔB、延伸系数 λ 和压下率 $\varepsilon\%$。

（二）金属力学性能

常温、静载下的轴向拉伸试验是材料力学试验中最基本、应用最广泛的试验。通过拉伸试验，可以全面地测定材料的力学性能，如弹性、塑性、强度、断裂等力学性能指标。这些性能指标对材料力学的分析计算、工程设计、选择材料和新材料开发都有极其重要的作用。在拉伸试验时，利用实验机的自动绘图器可绘出低碳钢的拉伸曲线，拉伸曲线形象地描绘出材料的变形特征及各阶段受力和变形间的关系，可由该图形的状态来判断材料弹性与塑性好坏、断裂时的韧性与脆性程度以及不同变形下的承载能力。但同一种材料的拉伸曲线会因试样尺寸不同而各异。为了使同一种材料不同尺寸试样的拉伸过程及其特点便于比较，以消除试样几何尺寸的影响，可将拉伸曲线图的纵坐标（力 F）除以试样原始横截面面积 S_0，并将横坐标（伸长 ΔL）除以试样的原始标距 L_0 得到的曲线便与试样尺寸无关，此曲线称为应力 - 应变曲线或 $\sigma-\varepsilon$ 曲线，如图 5-3 所示。从曲线上可以看出，它与拉伸图曲线相似，也同样表征了材料力学性能。

拉伸试验过程分为 4 个阶段，如图 5-3 所示。

（1）弹性阶段 OC。在此阶段中拉力和伸长成正比关系，表明钢材的应力与应变为线性关系，完全遵循虎克定律，如图 5-3 所示。若当应力继续增加到 C 点时，应力和应变的关系不再是线性关系，但变形仍然是弹性的，即卸除拉力后变形完全消失。

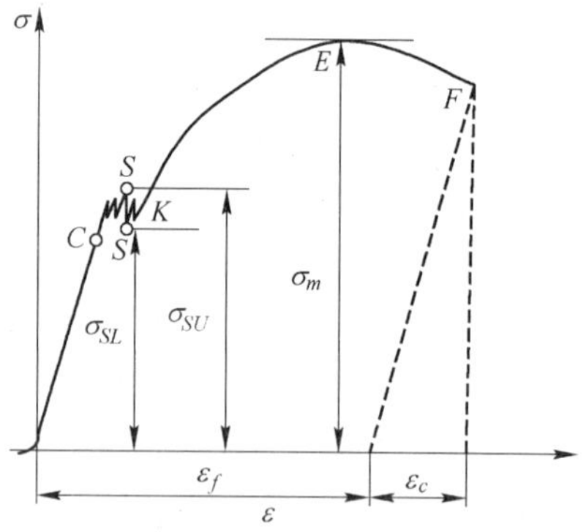

图 5-3 低碳钢应力—应变

σ_{SU}—上屈服强度；σ_{SL}—下屈服强度；σ_m—抗拉强度；ε_f—断裂后的塑性应变；ε_c—弹性应变

（2）屈服阶段 SK。当应力超过弹性极限到达锯齿状曲线时，示力盘上的主针暂停转动或开始回转并往复运动，这时若试样表面经过磨光，可看到表征晶体滑移的迹线，大约与试样轴线成 45°方向。这种现象表征试样在承受的拉力不继续增加或稍微减少的情况下变形却继续伸长，称为材料的屈服，其应力称为屈服点（屈服应力）。示力盘的指针首次回转前的最大力（σ_{SU}上屈服力）或不计初始瞬时效应（不计载荷首次下降的最低点）时的最小力（σ_{SL}下屈服力），分别所对应的应力为上、下屈服点。示力盘的主针回转后所指示的最小载荷（第一次下降后的最小载荷）即为屈服载荷 σ_s。由于上屈服点受变形速度及试样形状等因素的影响，而下屈服点则比较稳定，故工程中一般只定下屈服点。屈服应力是衡量材料强度的一个重要指标。

（3）强化阶段 KE。过了屈服阶段以后，试样材料因塑性变形其内部晶体组织结构重新得到了调整，其抵抗变形的能力有所增强，随着拉力的增加，伸长变形也随之增加，拉伸曲线继续上升。KE 曲线段称为强化阶段，随着塑性变形量的增大，材料的力学性能发生变化，即材料的变形抵抗力提高，塑性降低。在强化阶段卸载，弹性变形会随之消失，塑性变形将会永久保留下来。强化阶段的卸载路径与弹性阶段平行，卸载后重新加载时，加载线与弹性阶段平行，重新加载后，材料的比例极限明显提高，而塑性性能会相应下降。这种现象叫做形变硬化或冷作硬化。当拉力增加，拉伸曲线到达顶点 E 时，示力盘上的主针开始返回，而副针所指的最大拉力为 σ_m，由此可求得材料的抗拉强度。它也是材料强度性能的重要指标。

(4) 局部变形阶段 EF（颈缩和断裂阶段）。对于塑性材料来说，在承受拉力 σ_m 以前，试样发生的变形各处基本上是均匀的。在达到 σ_m 以后，变形主要集中于试样的某一局部区域，该处横截面面积急剧减小，这种现象即是“颈缩”现象，此时拉力随着下降，直至试样被拉断，其断口形状呈碗状。试样拉断后，弹性变形立即消失，而塑性变形则保留在拉断的试样上。利用试样标距内的塑性变形来计算材料的断后伸长率和断面收缩率。

在拉伸试验中可以确定两个塑性指标——伸长率 δ（%）和断面收缩率 ψ（%），即

$$\delta = (L_K - L_0)/L_0 \times 100\%$$

$$\psi = (A_0 - A_K)/A_0 \times 100\%$$

式中　L_0——拉伸试样原始标距长度，mm；

L_K——拉伸试样破断后标距的长度，mm；

A_0——拉伸试样原始断面积，mm^2；

A_K——拉伸试样破断处的断面积，mm^2。

四、实验设备及材料

实验所用的设备和材料如下：

(1) 万能材料实验机、轧机；

(2) 游标卡尺；

(3) 低碳钢圆柱形压缩试样、铝合金厚板材轧制试样、低碳钢圆柱形拉伸试样。

五、实验内容及步骤

按照实验内容和步骤进行操作，具体如下：

(1) 金属塑性变形实验。

1) 压缩变形实验：测量低碳钢的压缩程度 ε_c，并绘出压缩后试样破坏的外形图。

① 检查试样两端光洁度及平行度；

② 测量试样直径 D_0，高 H_0；

③ 估计试样破坏时的最大载荷，选择合适的测力范围；

④ 调节实验机零点；

⑤ 将试样放在支撑座上，并加以垫块，注意对准中心，防止偏心；

⑥ 开机，缓缓加载，直到宏观上出现第一条裂纹为止，然后停止压缩变形可终止实验，测量试样压缩后的高 H_k；

⑦ 整理数据，计算压缩程度，绘出试件破坏后的外形草图。

2) 板材轧制实验：计算轧制压下量 ΔH、压下率 $\varepsilon\%$、延伸系数 λ、压下系数 η 和宽展 Δb，并观察轧制实验过程中试样的变化规律，解释变形后出现的现象。实验具体步骤如下：

① 测量原始板材的尺寸，长 L_0、宽 B_0 和高 H_0；

② 起动轧机，调整辊缝间距；

③ 将试样板材正确地摆放到两轧辊前，轧辊咬进板料进行轧制变形；

④ 停机，测量轧后板材的尺寸，长 L_k、宽 B_k 和高 H_k；

⑤ 整理数据，计算相应的压下量、压下率、延伸系数、压下系数和宽展。

（2）力学性能测试实验。

测定金属的伸长率 δ 和断面收缩率 ψ，确定材料的比例极限 $\sigma_{0.2}$，屈服极限 σ_s，强度极限 σ_b 和弹性模量 E，观察拉伸试样破坏后断口的形貌。具体步骤如下：

1）原始尺寸测量：测量试样直径 D_0，确定标距 L_0；

2）根据试样的负荷和变形水平，相应地设定实验机的量程范围；

3）快速调节上下夹头的距离，安装试样并保持上下对中，安好应变片；

4）设定加载速度开机加载观察试验现象，直到试样破坏，停止试验；

5）停机，卸下试样，采集试验数据，测量试样端口处截面直径 D_k，拉伸后试样标距的长度 L_k；

6）整理数据，计算拉伸率和端口收缩率，并观察断口形貌。

六、实验报告要求

实验后每个人都必须书写实验报告，报告要求写明实验名称，主要内容包括：

（1）记录实验数据，计算各种指标；

（2）描述压缩和轧制过程，解释实验过程中一到两个现象；

（3）详细观察实验设备，简述设备的组成及工作原理。

实验二 热模拟压缩综合实验

一、专业知识

物理模拟是一个内涵十分丰富的广义概念，也是一种重要的科学方法和工程手段。通常物理模拟是指缩小或放大比例，简化条件，代用材料，用试验模型来代替原型的研究。材料与热加工领域的物理模拟，实际上是材料经受热力物理过程的模拟。为了确保模拟结果的可信性和模拟试验的高效率，除科学的试验方法外，最重要的是热力模拟试验装置应具备优良的性能。对热力模拟装置的基本要求是：

（1）具有较全面的模拟功能，能进行温度、应力及应变的模拟；

（2）被加热的模拟试样应具有较宽均温区，包括沿试样轴向的均温区及径向均温区；

（3）对试样实行较大的加热及冷却速度的能力；

（4）具有较大的加载能力，包括拉伸、压缩和扭转载荷，以及疲劳试验时的载荷；

（5）最大与最小的加载速度；

（6）良好的计算机控制系统、物理参数测量系统及数据采集与显示系统。

物理模拟则依据相似原理，通过建立实物模型以模拟金属热加工过程；在一定程度上也可再现实际加工时的情况，以优化加工参数（见塑性加工过程的物理模拟）。根据所用模拟材料不同，物理模拟分为实际材料模拟和非实际材料模拟两种。用实际材料模拟时，要求在材质性能等方面与被模拟材料相同，只是模型形状、尺寸与实物有所差别，它应是实际金属热加工过程的近似缩小或放大。非实际材料模拟往往是利用其他材料的某些特性来模拟实物热加工过程的某些方面。

利用拉伸、压缩、锻造、扭转变形方法来模拟热加工过程的试验手段不少，被公认的先进装置有格利布尔 Gleeble－1500 型热模拟机、高温扭转实验机和热压缩（加工）模拟实验机（即压力膨胀仪）等 3 种。Gleeble-1500 实验机由机械、加热、计算机与控制等系统组成，可以用于模拟锻造、轧制、铸造及焊接等加工方法，再现金属热加工时的应力场、变形场、速度场以及各种对应的组织状态。7N 型高温扭转实验机由机械、高频感应加热、计算机与程序控制系统等组成，可在恒温、恒变形速率下，实现单道次或多道次（最多 24 道次）的变形，而变形量不受限制。压缩热模拟实验机（Formastor Press）由机械、高频感应加热、程序控制系统等组成，能进行热变形过程的仿真模拟（最多 9 道次），即能模拟锻、轧变形和形变热处理与控制轧制和控制冷却工艺。这些模拟装置都能测定金属的热塑性、变形抗力、再结晶温度、临界相变温度、过冷奥氏体转变曲线等。为了研究高速变形下金属的变形抗力与规律，有的采用凸轮实验机、高速顶锻实验机等进行模拟试验。

热模拟实验机是动态热形模拟试验设备。它可以动态地模拟金属受热及变形过程。其模拟功能较为齐全，应用范围广泛：

（1）过程模拟：热轧模拟、连铸连轧、铸造模拟、对焊模拟、焊接热影响区模拟、热处理模拟。

（2）试验：常温拉伸/压缩试验、高温拉伸、压缩试验、热塑性试验、真应变-真应力、*CCT* 及 *TTT* 曲线、热疲劳及热、机械疲劳。

(3) 基础材料研究：扩散、熔化及控制固化、应力松弛、再结晶、加工硬化、冻结显微组织等。

通过相应的实验为实验者制定和改良其生产工艺提供可靠的实验依据。其中以板材热轧模拟、锻造模拟和组合模挤压模拟具有代表性。

(1) 板材热轧模拟。当平辊轧制板材的宽度很小时，可认为变形区处于平面应变状态。轧制时的温度、压下量、变形速度、轧后的冷却规程以及轧辊和轧件之间的相互作用，均对热轧板的性能、质量构成影响。利用热加工模拟机，可对实物热轧进行模拟，这时使用的试样用一个长方体实材在热模拟机上实现加热状态下的平面压缩变形，控制压缩时的温度、压下量、压下速度、压头与试样间的摩擦、轧后冷却速度、保护气氛等条件，以求出最佳热轧效果。

(2) 锻造模拟。大型锻件锻造时容易出现中心裂纹且不易发现，这给以后的使用带来潜在的危险。在热模拟机上采用特制的原材料试样，可以研究中心裂纹的闭合情况。试件是一个中心开有通孔的矩形块，在不同形状的压头下进行压缩，控制成形温度、压下量、压下速度等，可以得出不同情形下的中心孔闭合状况，从而指导实际的锻造工艺。

(3) 组合模挤压模拟。铝型材组合模挤压应用很广，组合模的形状与尺寸对挤压制品的好坏有着直接影响。采用石蜡作为模拟材料，可以模拟组合模中材料流动情况，从而得出较佳的模具参数，为设计提供依据。

二、实验目的

本实验的目的如下：

(1) 了解材料热加工过程中材料的加热和冷却特点；

(2) 了解材料热加工物理模拟试验的要求；

(3) 了解热力学实验机 Gleeble - 1500 的主要应用；

(4) 初步掌握高性能热力学实验机 Gleeble - 1500 的简单操作与编程；

(5) 掌握处理金属材料热压缩后热力学实验机采集的试验数据；

(6) 掌握激活能计算，本构方程、加工图和再结晶模型建立；

(7) 掌握热压缩后金属材料的宏微观组织的特点。

三、实验原理

(一) 热、力学模拟实验机 Gleeble-1500

图5-4 为 Gleeble - 1500 热模拟实验机工作原理图，它是由加热系统、加力系统以及计算机控制系统三大部分组成。其部件构成主要有：主机（加载机架及试样夹具、真空槽、加热变压器等）、液压源及伺服装置、应力与应变测量装置、温度测量装置（包括热电偶及光学高温计）、试样极冷装置、程序设定发送器、自动操作电控箱及 D/A、A/D 转换模块、计算机、数据集合瞬时记忆系统等。表 5-1 列出的是 Gleeble-1500 热、力模拟实验机主要技术性能指标。

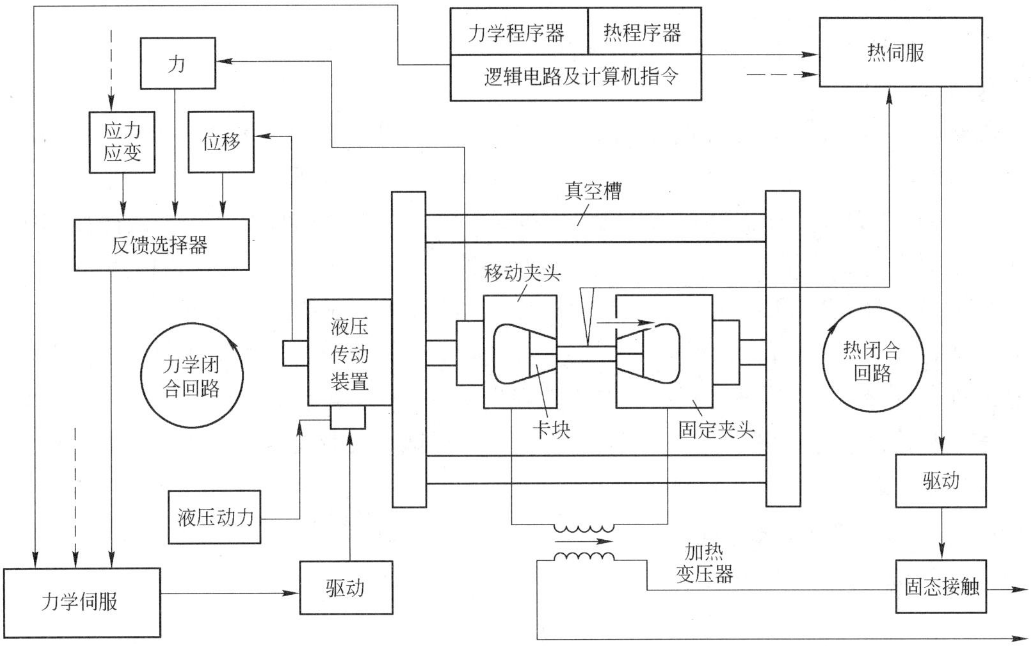

图 5-4　Gleeble－1500 热、力模拟实验机结构

表 5-1　Gleeble－1500 模拟装置主要性能指标

加热变压器容量 U/kV	75
加热速度 $v_{加热}$/℃·s^{-1}	最大 10000（ϕ6mm 普通碳钢试样，自由跨度 15mm） 最小 保持温度恒定
冷却速度 $v_{冷却}$/℃·s^{-1}	最大 140（ϕ6mm×15mm 碳钢试样，在 1000℃条件下） 78（ϕ6mm×15mm 碳钢试样，在 800～500℃自由冷却条件下） 330（ϕ6mm×15mm 碳钢试样，在 1000℃条件下） 200（ϕ6mm×15mm 碳钢试样，在 800～500℃自由冷却条件下） 急冷速度 10000（1mm 厚碳钢试样，在 550℃条件下）
最大载荷 F/N	拉或压（单道次）80066 疲劳试样　53374
加载速度 $v_{加载}$/kN·s^{-1}	最大　2000 最小　0.01
位移速度（活塞冲程移动速度）$v_{位移}$/mm·s^{-1}	最大　1200 最小　$1/6\times10^{-4}$
试样位移量及跨度位移量 s/mm 跨度 L/mm	最大位移 101（在真空槽内） 最大跨度 167（在真空槽内） 583（不用真空槽）
试样截面最大尺寸高×厚×直径（$h\times g\times d$）mm×mm×mm	试样卡头空间尺寸为：50×25×25

注：由于加热变压器容量已定，试样截面最大尺寸的设计应根据材质、试样自由跨度以及所要求的加热参数决定。一般情况下，铝材试样截面不超过 200mm^2，铜材不超过 100mm^2，钢材不超过 500mm^2。

1. 加热系统

Gleeble－1500 的加热系统主要由加热变压器、温度测量与控制系统以及冷却系统 3 个部分组成。

加热变压器是一个额定容量为 75kV·A 的降压变压器。初级可接受 200V/380V/450V 电压，次级电压靠调节初级圈抽头匝数（高中低 3 档共 9 级变压）来调节，输出电压范围约 3～10V。初级电流标准最大为 200A，次级输出电流最大可达数万安培。试样加热速度和加热温度还受试样尺寸、形状和材质（即材料的导热、导电性等）的影响。另外，加热变压器的额定容量（75kV·A）是长期连续工作时的最大工作能力，实际可输出的最大功率随加热时间（即变压器的暂载率）而变化。所以，为了提高对不同试样尺寸及试样材质的适应性，保持系统所需的分辨率，在电控柜热伺服模块上还设置有随试样尺寸变化可调节的增益装置，它与抽头的改变相配合，共同控制对试样的最大输出功率。

Gleeble－1500 的冷却系统包括两个部分：一是靠试样与夹头具的接触传导冷却，二是使用喷水（或喷气）急冷装置冷却。与加热一样，接触传导时的冷速取决于试样的材质、夹持的夹头以及夹持试样的自由跨度。热量由试样中心向卡头方向轴向传导。

2. 加力系统

力学系统由高速伺服阀控制的液压驱动系统，力传递机械装置以及力学参数的测量与控制系统所组成。伺服阀受信号系统的控制。来自于同反馈信号与程序给定信号的差值成正比的放大信号输入到伺服阀的控制回路中。反馈信号来自于位移检测计、负载传感器、应变检测计或膨胀计。例如，如选择位移检测计的输出为反馈信号，那么试样的位移将随程序的给定值而变化，也就是说，由于采用了闭环控制系统，反馈信号将与给定信号不断追随比较直到相等为止。位移检测计信号与程序信号的差值可以接近为零，以致在全部模拟过程中，位移将十分接近甚至等于给定值。同样，其他力学参数反馈选择也有类似的良好结果。Gleeble－1500 的控制柜的力学模块中，有两个重要的插件：应变值插件机应力插件，可以直接计算并绘制工程中应力-应变曲线或真应力-应变曲线。试样在加热或冷却时的径向应变可以用高温横向应变引伸仪测得。同时，还配有测定试件工作区轴向（纵向）应变的附件。

3. 计算机控制系统

计算机系统是热、力模拟实验机的心脏。通过控制柜的各种模块（插件）实现 D/A 及 A/D 转换，对热、力系统进行实时闭环控制。为了满足动态试验的需要，还配有数据采集系统，可以同时采集 8 个通道，最大采样速率 50000Hz。利用数据采集软件，可以实现数据的采集及分析处理。数据可以曲线形式绘图，也可打印成数据表。新的 Gleeble 实验机的计算机系统，可在试验过程中由屏幕随时动态显示试验中热力参数随时间变化的过程。

Gleeble 提供两种类型的软件，一是 Gleeble 语言编程及操作控制软件，另一类是为模拟热加工过程（如焊接热影响区）的专用软件。此外，计算机系统还可运行一些常用语言及应用软件，根据试验的需要，编制使用性更强的程序，扩大物理模拟试样的范围或提高其模拟精度。

（二）试验数据的处理

1. 高温热变形行为

对于一定化学成分和组织状态的金属材料来说，变形的温度、变形速度、变形程度以及变形时间等因素构成了综合的变形条件。流变应力可依变形条件由式 5-1 表达：

$$\sigma = f(\varepsilon, \dot{\varepsilon}, T, t) \tag{5-1}$$

变形时间对材料的硬化和再结晶软化现象没有影响，故此因素可以不考虑，则式 5-1 可以变为：

$$\sigma = f(\varepsilon, \dot{\varepsilon}, T) \tag{5-2}$$

求出材料在高温塑性变形时的流变应力与变形温度、变形速率、应变之间的关系后，即可以得到其高温塑性变形流变应力的变化规律，建立材料高温塑性变形的流变应力模型。利用这种流变应力关系的特征还可以求解材料高温变形时的有关材料常数，据此可建立组织和性能的预测模型。

金属和合金的热变形是一个受热激活控制的过程。热变形过程中，材料在任何应变或稳态下的高温流变应力强烈地取决于变形温度和变形速率。其流变行为可用变形速率、温度和流变应力之间的关系进行描述。低应力水平下的稳态流变应力和变形速率之间的关系可以用指数关系进行描述，高应力水平下两者满足幂指数关系：

$$\dot{\varepsilon} = A_1 \sigma_n \tag{5-3}$$

$$\dot{\varepsilon} = A_2 \exp(\beta\sigma) \tag{5-4}$$

式中 β，n——与温度无关的常数。

Zneer 和 Hollomno 在 1944 年提出并实验证实了钢在高速拉伸实验条件下流变应力的一种方法，并提出了 Z 参数的概念。其物理意义是：温度补偿的变形速率因子，它与 Q 无关；Q 是热变形激活能，它反映材料热变形的难易程度，也是材料在热变形过程中重要的力学性能参数。

另外，Esllars 和 Tgeart 提出了一种包含变形激活能 Q 和温度 T 的双曲正弦关系式来描述这种热激活稳态变形行为

$$\dot{\varepsilon} = A\left[\sin(\alpha\sigma)_n\right]\exp\left(-\frac{Q}{RT}\right) \tag{5-5}$$

式中 $\dot{\varepsilon}$——变形速率，mm/s；

T——绝对温度，K；

R——气体常数；

A，α，n——与温度无关的常数。

式 5-5 适用于所有的应力状态。其中 α、β、n 之间满足。$\alpha = \beta/n$ 关系。变形速率 $\dot{\varepsilon}$ 和温度 T 的关系可用 Zneer－Hollomno 参数 Z 表示：

$$Z = \dot{\varepsilon}\exp(Q/RT) \tag{5-6}$$

则流变应力 a 可表达成 Zneer－Hollomno 参数 Z 的函数：

$$\sigma = \frac{1}{\alpha}\ln\left\{(Z/A)^{1/n} + [(Z/A)^{2/n} + 1]^{1/2}\right\} \tag{5-7}$$

$$Z = \dot{\varepsilon}\exp(Q/RT) = A_1\sigma^n \tag{5-8}$$

$$Z = \dot{\varepsilon}\exp(Q/RT) = A_2\exp(\beta\sigma) \tag{5-9}$$

通过实验研究，可求得 A、Q、α、β、n 等材料常数，进而便可求得材料在不同变形温度、变形速度条件下的流变应力。

2. 加工图

在动态材料模型中，热加工材料被认为是一个非线性的能量耗散体，材料在热加工过程中单位时间体积内所吸收的功率 P 转换成两部分，即塑性变形消耗的功率 G 和变形过程中组织变化所消耗的功率 J。它们之间的关系可用以下关系式来表示：

$$J/G = \partial(\ln\sigma)/\partial(\ln\dot{\varepsilon}) = m \tag{5-10}$$

$$P = \sigma\dot{\varepsilon} = G + J = \int_0^{\dot{\varepsilon}}\sigma\mathrm{d}\dot{\varepsilon} + \int_0^{\sigma}\dot{\varepsilon}\mathrm{d}\sigma \tag{5-11}$$

式中 m——应变速率敏感因子。

在一定的温度和应变条件下，热加工工件所受的应力 σ 与应变速率 $\dot{\varepsilon}$ 存在以下关系：

$$\sigma = K\dot{\varepsilon}^m \tag{5-12}$$

此方程即为动态本构方程。

将式 5-12 代入式 5-10，并结合式 5-11 可得：

$$J = \sigma\dot{\varepsilon} - \int_0^{\dot{\varepsilon}}K\dot{\varepsilon}^m\mathrm{d}\dot{\varepsilon} = \frac{m}{m+1}\sigma\dot{\varepsilon} \tag{5-13}$$

当材料处于理想线性耗散状态时，$m=1$，则 J 达到最大值，即 $J_{max} = J(m=1) = \sigma\dot{\varepsilon}/2$。定义反映材料功率耗散特征的无量纲参数 J/J_{max} 为 η，并称为能量耗散效率因子，它能反映一定变形温度和速率条件下材料微观结构变形机制，用应变速率敏感因子表示如下：

$$\eta = \frac{2m}{m+1} \tag{5-14}$$

失稳图是根据不可逆热力学极值原理，用无量纲参数 $\xi(\dot{\varepsilon})$ 来表示塑性大变形时的连续失稳判据，Prasad 根据最大熵原理得材料失稳判据为：

$$\xi(\dot{\varepsilon}) = \frac{\partial\ln\left(\frac{m}{m+1}\right)}{\partial\ln\dot{\varepsilon}} + m < 0 \tag{5-15}$$

四、实验设备及材料

本实验所用的设备和材料如下：

（1）热、力学模拟实验机 Gleeble－1500；

（2）相机；

（3）金相显微镜；

（4）扫描电镜；

（5）稀土镁合金压缩试样（ϕ8mm×12mm），其示意图如图 5-5 所示。注意选取不同试样材料，需适当调整变形工艺。

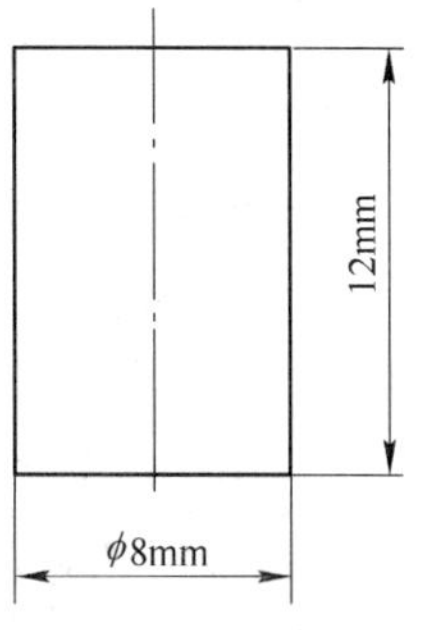

图 5-5 热模拟压缩试样示意图

五、实验内容及步骤

按照实验内容和步骤进行操作，具体如下：

（1）工艺参数的设定及实验机操作熟悉。

根据试验要求制定实验方案，确定压缩变形温度、速度、变形量、冷却方式等。等温热压缩实验分为3组：

1）相同应变量，不同应变速率与变形温度的热压缩实验。实验温度为350℃、400℃、450℃和500℃，对应的应变速率为$0.001s^{-1}$、$0.01s^{-1}$、$0.1s^{-1}$和$1s^{-1}$，真应变为0.7，每组变形条件均分为空冷和水冷两种冷却方式。

2）同样的应变速率、变形温度和冷却方式，不同应变量的热压缩实验。实验温度为500℃，应变速率为$0.01s^{-1}$，在真应变分别为0.1，0.3，0.5，0.7，0.9的情况下进行热压缩，压缩后进行水冷。

实验中热模拟升温时间1min，保温3min，在试样两端加上石墨与机油的混合物作为润滑剂。

Gleeble－1500热模拟实验机是一种贵重的高性能大型设备，实验人员必须经过严格的培训方式才可进行操作。一般需在老师细心的培训和教导下进行，并要熟悉整个过程，每个环节后方可自行试验。

（2）热压缩试验。

本实验中热压缩过程是在Gleeble－1500热模拟机上完成。采用直接通电方式加热试样，并用Ni-Cr、Ni-Al热电偶测量温度，温度控制精度为±5℃。加热速度用电脑程序控制，冷却速度由不同冷却方式控制，本研究采用的空冷和水冷两种方式控制冷却速度。采用硬质合金夹头（直径ϕ30mm），试样两端涂上玻璃粉作润滑剂，实验时用钽片垫在试样和夹头之间。热模拟试验示意图如图5-6所示。

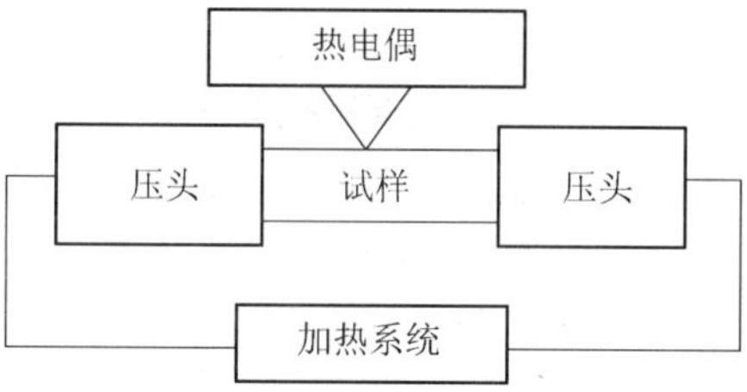

图5-6 热模拟实验示意图

热模拟实验步骤：

1）在试样中间位置并列焊上两根用来测量温度的热电偶（Ni-Cr及Ni-Al热电偶），这两根金属丝的区别是一根磁性（Ni-Cr），而另一根则没有磁性（Ni-Al），金属丝在不相互接触的条件下应尽可能的接近。

2）凹槽内填充润滑剂（玻璃粉），变形时，封闭在腔体内的润滑剂可以减小平面压头与试样接触的摩擦，从而减小样品的不均匀变形。开动气动阀使压头夹紧试样。要注意对中，并将两根金属丝接在相应的接头上（有磁性的接红色的接头，无磁性的接黑色的接头）。需要注意，有磁性的金属丝和无磁性的金属丝所接位置不同。

3）在计算机上设置控制参数，对仪器进行调零，并检查好仪器，准确无误即可启动计算机的程序开始模拟压缩试样。

4）试样是利用自身电阻进行加热，采用 Ni-Cr 及 Ni-Al 热电偶直接焊在试样中部连续测温，升温速率升温速度 550℃/min，达到所设定的温度后，保温 5min 后进行恒温恒应变速率的压缩实验。

5）变形后根据具体的实验要求分别采用水冷和空冷两种冷却方法，得到不同的变形组织。

6）取出压缩后的试样，由 Gleeble－1500 系统的计算机自动采集应力、应变、温度、时间等数据。

（3）实验数据处理。

将 Gleeble－1500 系统的计算机采集的实验数据进行处理，求出本材料热变形相关常数（应力指数和变形激活能等），并根据实验数据得出高温下该合金变形的本构方程，从而可以指导实际生产中的模具等加工工具的选择，也可为数字模拟等提供实验数据；然后绘制加工图，可通过失稳区判断不同条件的合金失稳状况，是否产生微裂纹、孔洞等；最后推导动态再结晶的模型，以期获得生产中想要的实际组织，这样就可以得到相应的性能。

（4）压缩试样宏观和微观组织观察。

1）宏观照片：将压缩后的试样置于白纸上并标号，拍摄宏观照片，观察试样压缩后的变化，主要观察在不同的变形条件下试样经压缩变形后的开裂情况。得到不同温度及应变速率的对比组图。

2）光学金相：将压缩后试样沿平行于压缩方向的中间切开，观察其切面的金相组织。金相组织在 XJP-6A 型金相显微镜上观察，侵蚀剂采用 5g 苦味酸＋100mL 酒精＋5mL 乙酸＋10mL 蒸馏水溶液。

3）扫描电镜：将压缩后的试样经过磨样与抛光后，在 Sirion 场发射扫描电镜上进行背散射扫描观察，主要获得试样在压缩过程中产生的微观孔洞与裂纹。

六、实验报告要求

实验后每个人都必须书写实验报告，报告要求写明实验名称，主要内容包括：

（1）实验目的；

（2）详细地介绍 Gleeble－1500 热模拟实验机的工作原理及应用；

（3）根据实验数据计算实验材料热变形参数、建立本构方程和加工图，并根据加工图得出最优变形工艺；

（4）分析不同变形条件下压缩变形后试验的宏观变化特点以及微观组织特征，并讨论各种变形条件（变形温度、变形速度、变形量、冷却介质等）对组织的影响；

（5）查资料分析试验数据，是否可以根据现有的实验数据得到其他模型，如果可以，试着做出相应的处理。

实验三 Deform软件在金属塑性成形中的应用

一、专业知识

长期以来，在金属成形领域，人们主要是靠试错方法进行工艺设计，然而这种方法会使得开发新产品和新工艺周期较长、材料消耗较大、费用较高，并且不能完全保证加工制件的质量。近几十年来，金属材料产品逐渐向着大型化、精密化方向发展，同时对材料的质量和尺寸精度要求也日益提高，因此传统的工艺设计方法不能满足需要。此时数值模拟在材料加工中已显示出其作用，并快速发展起来，成为对金属成形工艺预测、优化和定量控制的有效方法。

利用有限元法可以研究成形过程中金属的流动规律及组织与性能的变化过程，而且还可以获得成形件的瞬时位移场、瞬时速度场、瞬时应变场、瞬时温度场及瞬时应力场等热力学参数，从而可以模拟金属材料的整个变形过程。目前，有限元法已经得到广泛的应用。从汽车到航空航天领域几乎所有的设计制造都离不开有限元分析计算，同时也正是因为有限元分析法使得在材料加工、机械制造、航空航天、国防军工、汽车、船舶、铁道、建筑、能源、石化、电子电器以及科学研究等各个领域的设计水平发生了质的飞跃。随着有限元技术的发展，在国外已推出了很多塑性有限元商品软件，在许多国家还将这些软件应用于研究部门和生产企业，常见的塑性有限元软件有美国的DEFORM，ABAQUS，MARC和法国的FORGE等，现在这些塑性有限元软件已逐渐成为工程技术人员在研究和设计工作中必要的手段和工具。自20世纪80年代以来，我国也有许多高校和科研院所开始了塑性有限元软件的研究，现在也有少数这方面的软件在企业中得到应用，但整体上，国内与国外在软件技术水平以及应用程度方面还存在明显的差距。

Deform有限元分析系统是由SFTC公司开发的专门用于金属塑性成形的一种软件。它是通过计算机模拟整个加工过程，所以可减少现场试验的成本，提高工模具设计效率，并且可以降低生产和材料成本和缩短新产品开发周期。Deform有限元软件可以用于分析各种成形工艺和热处理工艺，其应用极为广泛，现在很多高校和企业都在应用。

Deform软件有一个比较完整的CAE集成环境，强大而灵活的图形界面，从而使得用户能够有效地进行前后处理。首先，在前处理中，模具与坯料可以CAD软件生成的STL或者SLA格式的文件导入，并且还提供了3D几何操纵修正工具，以便几何模型的建立；对成形工件划分网格可通过网格生成器自动划分，网格生成器在变形过程中还可以进行重新划分。同时可以自动生成边界条件，确保数据准备快速可靠；Deform有限元软件中材料数据库提供了一百多种材料数据，且材料模型有弹性、热弹塑性、刚塑性、热刚黏塑性、刚性材料、粉末材料以及自定义类型，为各种材料的成形模拟提供有力的保障；该软件集成了典型的成形设备模型，主要有液压压力机、螺旋压力机、锤锻机、轧机、摆辗机、机械压力机以及自定义类型等，可以帮助用户处理各种不同的变形条件。

二、实验目的

（1）了解认识 Deform 软件的窗口界面；
（2）掌握利用 Deform 有限元建模的基本步骤；
（3）学会对 Deform 模拟的数据进行分析；
（4）认识锻压过程中材料各部位的变形情况。

三、实验原理

Deform 是一套基于有限元的工艺仿真系统，用于分析金属成形及其相关工业的各种成形工艺和热处理工艺。通过在计算机上模拟整个加工过程，帮助工程师和设计人员设计工具和产品工艺流程，减少昂贵的现场试验成本；提高工模具设计效率，降低生产和材料成本；缩短新产品的研究开发周期。

Deform 功能主要有以下几个方面：

（1）成形分析　冷、温、热锻的成形和热传导耦合分析。丰富的材料数据库，包括各种钢、铝合金、钛合金和超合金。用户定义材料数据库允许用户自行输入材料数据库中没有的材料。

提供材料流动、模具填充、成形载荷、模具应力、纤维流动、缺陷形成和韧性破裂等信息。刚性、弹性和热塑性材料模型，特别适合用于大变形成形分析。弹塑性材料模型适用于分析粉末冶金成形。完整的成形设备模型可以分析液压成形、锤上成形、螺旋压力成形和机械压力成形。

用户自定义子函数允许用户自己的材料模型、压力模型、破裂准则和其他函数。网格划线和质点跟踪可以分析材料内部的流动信息及各种场景分布。温度、应变、应力、损伤及其他场变量等值线的绘制使后处理简单明了。自我接触条件及完美的网格再划分使得在成形过程中即便形成了缺陷，模拟也可以进行到底。多变形体模型允许分析多个成形工件或耦合分析模具应力。基于损伤因子的裂纹萌生及扩展模型可以分析剪切、冲裁和机加工过程。

（2）热处理分析　模拟正火、退火、淬火、回火、渗碳等工艺过程，预测硬度、晶粒组成成分、扭曲和含碳量。可以输入顶端淬火数据来预测最终产品的硬度分布，并分析各种材料金相。

（3）综合分析　Deform 用来分析变形、传热、热处理、相变和扩展之间复杂的相互作用。拥有相应的模块以后，这些耦合效应将包括：由于塑性变形功引起的升温、加热软化、相变控制温度、相变内能、相变塑性、相变应变、应力对相变的影响以及含碳量对各种材料属性产生的影响等。

四、实验设备及材料

Deform 有限元软件，CAD 软件。

五、实验内容及步骤

前处理器见图 5-7，主要包括 3 个子模块：（1）数据输入模块，便于数据的交互式输入，如：初始速度场、温度场、边界条件、冲头行程及摩擦系数等初始条件；（2）网格的自动划分与自动再划分模块；（3）数据传递模块，当网格重划分后，能够在新旧网格之间实现应力、应变、速度场、边界条件等数据的传递，从而保证计算的连续性。

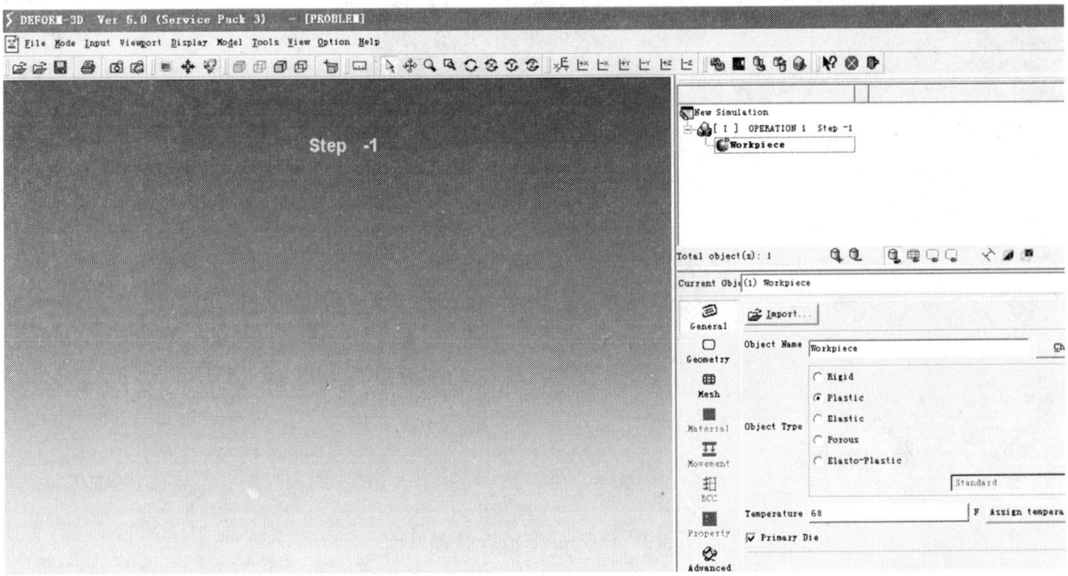

图 5-7　前处理界面

模拟器见图 5-8。真正的有限元分析过程是在模拟处理器中完成的，Deform 运行时，首先通过有限元离散化将平衡方程、本构关系和边界条件转化为非线性方程组，然后通过直接迭代法和 Newton-Raphson 法进行求解，求解的结果以二进制的形式进行保存，用户可在后处理器中获取所需要的结果。

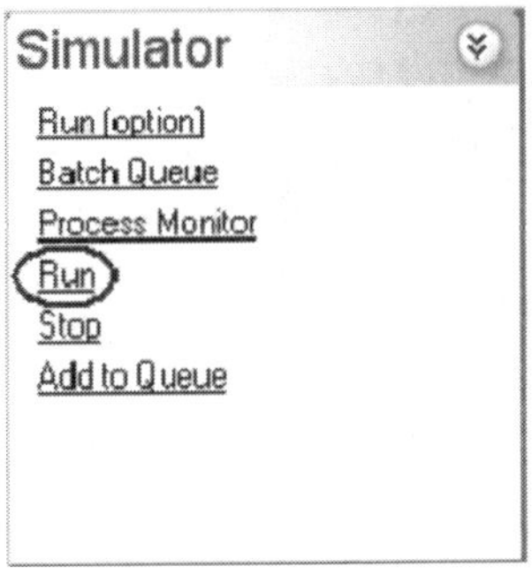

图 5-8　模拟器界面

后处理器见图 5-9。后处理器用于显示计算结果，结果可以是图形形式，也可以是数字、文字混编形式，获取的结果可为每一步的有限元网格；等效应力、等效应变；速度场、温度场及压力行程曲线等。

1. 模型导入

模型建立：首先使用三维建模软件建立自己需要的模型，保存格式选择 STL，GEO，PDA，UNV，IGS 格式中的一种，最常用的是 STL 格式文件。根据不同的建模软件保存格式会有所不同。将建立好的模型文件保存到 Deform 的安装路径下的 Problem 文件夹下面，并建立文件夹存放（也可以存放别处）。值得注意的是，由于该软件不支持中文，因此文件夹及其模型文件名字中不能出现中文，否则无法读取。

模型导入：打开 Deform 软件，在新建问题时选择你已经建立好的文件夹，进入前处理界面，首先需要导入的是工件，一般是变形体工件，因此系统默认的工件类型为塑性（Plastic）。点击按钮 

，然后点击按钮 

，导入模型文件。如果文件不在

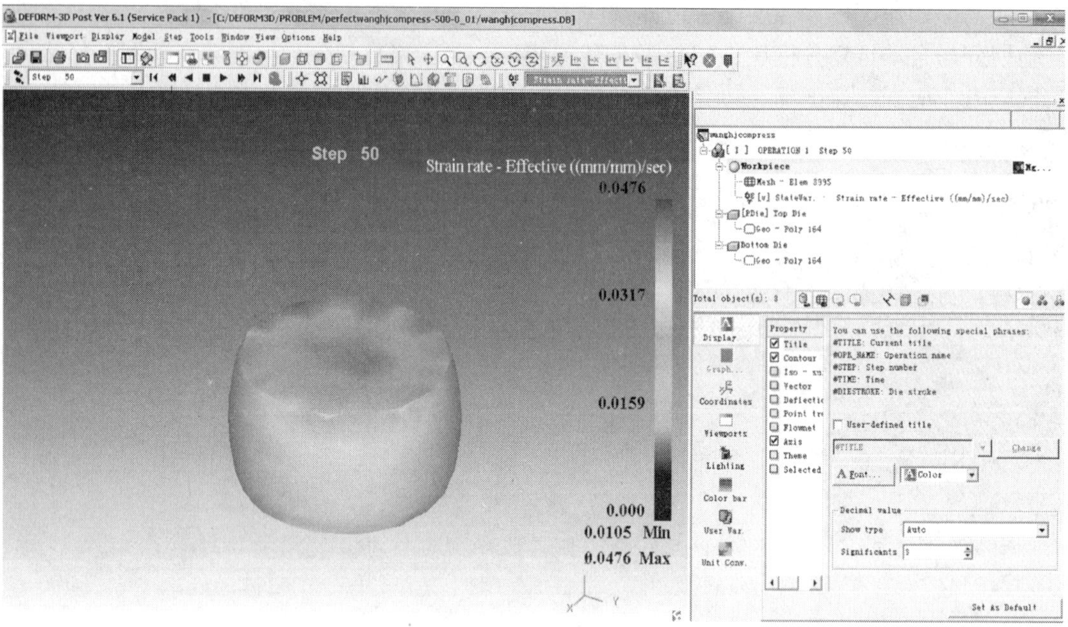

图 5-9 Deform 模拟后处理界面

此文件夹内，可另选文件夹导入模型，但导入路径中不得有中文出现，否则会出错。当工件导入完成之后，在显示窗口中会有工件模型出现。接下来导入模具模型，点击添加模型对象按钮  添加一个模型对象。系统默认的第一个模具名称为 Top Die，使用同样的方法导入模具对象。当有多个模具时继续点击按钮  添加模型对象并导入模型文件。

另外，如果需要可以修改模型名称。可以点击 General 按钮，然后在 Object Name 对话框中修改模型名字，然后回车或点击 Change 按钮，即可修改。同样，模型的名称中一样不能出现中文字符。

2. 网格划分

当所需要的模型全部导入后，单击模型列表中的工件，然后点击 Mesh 按钮对工件进行网格划分。网格划分有两种方式，一种是用户指定单元数量，系统默认划分方式，另一种是手动划分网格方式。点击 Mesh 按钮之后，在 Detailed Settings 里面可以修改划分方式。还有一点需要说明的是，用户指定的网格单元数量只是网格划分的上限约数，实际划分的网格单元数量不会超过这个值。用户可以通过拖动滑块修改网格单元数，也可以直接输入指定数值。该数值和系统计算时间有着密切的关系，该数值越大，所需要的计算量越大，计算时间就越长。建议在练习阶段设置 3000……5000 即可，不要将网格划分的过多，除非你的模型很大，或精度要求很高。

另一种手动设置网格使用的是 Detailed Settings 下的 Absolute 方式，该方式允许用户指定最小或最大的网格尺寸和最大与最小网格尺寸的比值。该值设置完成在网格单元数量中可以看到网格的大概数目，但无法在那里修改，只能通过修改最大或最小单元尺寸来修改单元数目。

设置完成之后直接点击 Generate Mesh 按钮生成网格单元。

注释：对于仅仅是 Deformation 模拟刚性对象是无法划分网格的，如果有热模拟，则可以对刚性模具划分网格，而且有必要划分网格（个人实践认为，如果对模具没有划分网格，则产生的变形热将全部被工件吸收，造成工件温度急剧上升）。

如果对工件进行划分网格之后觉得网格太多或计算时间过长，则可以通过 Manual Remesh 下面的 Delete Mesh 按钮删除以前划分好的网格。这时所加的材料信息将会丢失，需要再次添加材料。这里推荐使用修改网格设置后直接点击 Generate Mesh 按钮，然后点击弹出警告信息 YES 按钮，重新划分网格。

3. 材料添加

只有在完成网格划分之后工件才能添加材料。点击 Material 按钮，选择你需要的材料，然后点击 Assign Material 按钮为你的工件指定材料。这里需要说明的是，这里的材料库使用的标准有些和我们常用的标准一样，但很多和我们所采用的材料标准不同，这里就作者所了解的钢进行一点说明。其中材料库中名称为 AISI 开头的为美国标准，DIN 开头的为德国标准，JIS 开头的为日本标准。这些标准和国标有些近似对应关系，具体对应关系可在网上查找或查找相关手册。

最后需要说明的是，材料名字后面带有温度的材料是该材料在此温度范围内使用，材料库中有其对应的流动应力。

4. 模型定位

当网格划分，材料定义完成之后就需要对模型进行对位了，也可以称为装配。如果在模型建立阶段就定位好模具和工件之间的位置，这里就不需要设置了。

首先点击对象定位按钮  ，位置设置按钮依次为 Mouse driven，Drop，Offset，Interference，Rotational，Advance。在使用任何方式之前都需要在 Positioning Object 对话框中选择你要移动的对象。

Mouse driven：使用此按钮可以手动调节模型的位置，但是缺点是无法完成精确定位。优点是移动方便，鼠标点到哪个方向，模型就可以向哪个方向移动，但很少用。

Drop：使用该按钮可以对选中的对象下落到到指定方向上的另一个对象上。

Offset：这个是最常用的按钮，使用该按钮可以让所选对象按照指定的方向移动到指定的位置。在指定位置时，第一个框中为 X 方向的位移，其次为 Y 方向，Z 方向，如果使用 -X 方向，只要在 X 方向上填写一个负数即可。

Interference：干涉移动，指的是在移动一个对象时，使用另外一个对象作为参考，让两个物体产生一定的干涉接触。但也可以设置干涉量为 0，即接触但不干涉。其中的方向是参考对象在需要移动的物体的哪个方向，也就是要移动的物体趋近参考对象的方向。塑性体在没有划分网格时不可作为参考对象。

Rotational：旋转对象，可以按照指定的角度旋转所选的对象。需要指定旋转轴和旋转中心，旋转中心默认为（0，0，0），在必要时可以修改。这里需要说明的是旋转角度是以逆时针为正，还是以顺时针为正。而且以旋转轴指向用户来判断。

Advance：限于作者水平不高，这里就略去了。希望有高手来完成。不过这个按钮使用情况不多。

最后值得说明的就是，在设置后对象的移动后，需要点击 Apply 按钮，否则对象不发生移动。还有，当你点击应用按钮，对象已经发生了移动，但还没有点击 OK 退出定位界面对话框时，点击 Cancel 按钮可以撤销对象的移动。

5. 接触关系定义

在完成处理操作之前，这一步不能缺少。点击按钮，进入对象关系设置界面，一般设置模具与工件之间的摩擦系数，以及工件与模具之间的热传导系数。在摩擦系数设置里面，有两种摩擦条件可以选择，一种是剪切摩擦，一种是库仑摩擦（剪切摩擦力大小与最大剪应力成正比，而库仑摩擦力大小与物体间的正压力大小成正比）。

6. 模拟控制设置

这一步的设置对于模拟也起到至关重要的作用，设置的不同会影响到模拟结果的好坏。首先讨论步数的设置，一般认为步长设置为工件网格单元最小尺寸的1/3～1/5左右，尽量设小不设大。因为在计算模拟的时候，增量步代表模具每次压下工件的距离或工件变形的程度，当工件变形程度过大的时候，网格单元就发生较大的变化，网格形状就会变坏，造成单元畸变。在有限元网格中，较好的单元形式为锐角三角形，较差的就是钝角三角形。当增量步设置较大的时候，工件网格三角形就会大量的变为钝角三角形，也就是单元恶化或变坏。

单元最小尺寸可以通过标尺来测量，也可以通过查看工件的网格看 Detail Settings 里面的最小网格尺寸。总步数的设置可以通过计算得到，假如模具的位移为 M，增量步为 X，则总步数 N 应为 N = M/X。如果选择时间（Y 秒）作为增量步，则需要根据模具速度（V）来计算相当于多少增量步长。即 N = M/VY。一般需要多设几步来避免计算误差造成步数不足。

如果知道模具需要移动的距离，则可以在 Stop 中设置模具停止的条件，这样就可以在步数里面设置足够多的步数，当模具到达设置的位移后会自动停止运行。Stop 的设置一般以主模具的位移作为参考。

7. 数据文件生成

这可以说是前处理的最后一步设置了，首先点击按钮打开数据文件生成视窗。在数据文件生成之间最好是点击以下 Check 按钮，检查前面的前处理工作是否有遗漏之处。如果发现遗漏就必须返回修改问题。如果数据文件能够生成，则以蓝色字体显示 Database can be generate。如果出现严重问题，则会显示 Database can't be generate 并以灰色显示。出现的警告信息以“?”开头显示，出现了错误信息则以“!”开头显示。很多都是以简写的方式显示出现问题的原因，所以如果能够了解各个意识的简写对错误处理很有帮助。

8. 保存前处理设置

当前期工作完成之后，可以认真检查一下各个参数的设置，也可以直接生成数据文件并退出前处理，这里建议先保存一下 Key 文件，然后再生成数据文件。或者生成数据文件之后再保存 Key 文件。这样你的设置就被记录在 Key 文件中。

9. 启动模拟计算器

这一步是最简单的事情了，只要点击一下主程序窗口中的运行按钮，或者点击

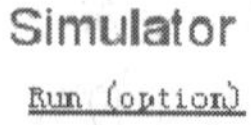

下面的 Run（option）按钮，都可以起动模拟计算。在程序开始计算后所运行的文件名字上会显示 Running，其所对应的 DB 文件也会显示 Running 或 Remeshing，后者

表示在重划分网格。如果使用 Run（option）按钮起动的模拟计算，程序启动后可以点击 Close 关闭 Run（option）界面。程序运行阶段可以通过 Message 信息窗口来观察运行状况。也可以通过 Dos 窗口下显示的内容看到程序运行状况是否良好。如果想中途停止程序来观察运行的效果，可以使用 Simulator 下面的 Stop 选项，也可以点击  停止按钮来结束正在运行的程序，这时所运行的程序文件名字上面显示 Aborting（放弃）。但是程序一般不会立即停止，它会把内存中的数据写入到文件保存，这可能需要等待一段时间，如果想要立即停止，可以使用关闭 Dos 窗口，或者选择 Simulator 下面的 Process Monitor 进程管理器，并选择打开界面上的 Abort Immediately（立即放弃）选项。如果选择了立即停止，则原来的 DB 文件名字将会变成 Forg3，没有后缀。你可以通过手动修改该文件名字为原来的文件名字即 *. DB，也可以打开主程序之后根据系统提示是否将 * * 文件更名为 × ×. DB，接受建议即可。

10. 后处理操作

后处理是我们做模拟所需要得到的最后结论，也是验证我们的模拟成功与否的关键。当模拟计算结束之后，这时点击 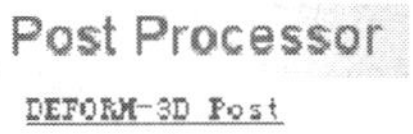

后处理选项，即点击中的 DEFORM－3D Post 选项，这时就可以打开后处理界面。系统默认的后处理显示窗口模型视角为等轴侧视图，该方向利于三维模型的观察。你可以根据需要调整适当的视角让模型更有利于自己的观察。 这几个按钮分别为：跳到第一步，先后一步，向后步步演示，停止，向前步步演示，向前一步，跳到最后一步。可以通过向前步步演示看到模拟运行情况。但更多的是需要形成图表或曲线图。这可以通过点击  来实现。其中 X 轴可以选择位移或时间，Y 轴可以选择各个方向的力、速度等参数。

六、实验报告要求

（1）简单介绍 Deform 软件的在金属塑性加工中的应用；

（2）叙述 Deform 软件模拟过程；

（3）试选一种变形方式进行 Deform 模拟，并详细的记录模拟的各个步骤、各种参数设置以及各种后处理结果。

实验四 金属材料塑性成形创新设计型实验

一、专业知识

塑性加工是使金属在外力（通常是压力）作用下，产生塑性变形，获得所需形状、尺寸、组织和性能的制品的一种基本金属加工技术，以往常称压力加工。金属塑性加工的种类很多，根据加工时工件的受力和变形方式，基本的塑性加工方法有锻造、轧制、挤压、拉拔、拉深、弯曲、剪切等几类。

材料成形综合设计型创新实验是一个全方位培养和提高学生工程素质和创新意识的教学环节。是将所学知识（工程实践、工程材料、材料成形及机械制造工艺）应用于工艺综合分析、工艺设计和制造过程的一门重要的实践课程，是学生获取分析和解决问题的能力、创新思维能力、工程指挥和组织能力以及团结协作精神和良好个性的重要途径。

传统的材料成形有关实验，是在实验室里面分别利用液态成形（铸造）、固态塑性成形（压力加工）和连接成形（焊接）的实验设备，了解和掌握铸造成形的影响、压力加工时变形与温度和压力的关系、冷热变形的特点以及材料焊接性的概念和焊接接头的合理设计等。其实验的整个过程由实验老师讲解、指导来完成，学生在实验课中只是被动接受，没有更多的思考空间，不利于提高同学们的创新思维能力、分析和解决实际问题的能力。

二、实验目的

（1）了解金属材料塑性成形方法、优缺点、应用领域等；

（2）结合掌握相关专业知识自主设计一种加工金属制品的塑性成形方法组合；

（3）锻炼学生的创新能力和解决实际问题能力。

三、实验原理

金属塑性加工的种类很多，根据加工时工件的受力和变形方式，基本的塑性加工方法有锻造、轧制、挤压、拉拔、拉深、弯曲、剪切等几类。其中锻造、轧制和挤压是依靠压力作用使金属发生塑性变形；拉拔和拉深是依靠拉力作用发生塑性变形；弯曲是依靠弯矩作用使金属发生弯曲变形；剪切是依靠剪切力作用产生剪切变形或剪断。锻造、挤压和一部分轧制多半在热态下进行加工；拉拔、拉深和一部分轧制，以及弯曲和剪切是在室温下进行的。

（1）锻造：靠锻压机的锻锤锤击工件产生压缩变形的一种加工方法，有自由锻和模锻两种方式。自由锻不需专用模具，靠平锤和平砧间工件的压缩变形，使工件镦粗或拔长，其加工精度低，生产率也不高，主要用于轴类、曲柄和连杆等单件的小批量生产。模锻通过上、下锻模模腔拉制工件的变形，可加工形状复杂和尺寸精度较高的零件，适于大批量的生产，生产率也较高，是机械零件制造上实现少切削或无切削加工的重要途径。

（2）轧制：使通过两个或两个以上旋转轧辊间的轧件产生压缩变形，使其横断面面积减小与形状改变，而纵向长度增加的一种加工方法。根据轧辊与轧件的运动关系，轧制有纵轧、横轧和斜轧三种方式。

1）纵轧　两轧辊旋转方向相反，轧件的纵轴线与轧辊轴线垂直，金属不论在热态或冷态都可以进行纵轧，是生产矩形断面的板、带、箔材，以及断面复杂的型材常用的金属材料加工方法，具有很高的生产率，能加工长度很大和质量较高的产品，是钢铁和有色金属板、带、箔材以及型钢的主要加工方法。

2）横轧　两轧辊旋转方向相同，轧件的纵轴线与轧辊轴线平衡，轧件获得绕纵轴的旋转运动。可加工加转体工件，如变断面轴、丝杆、周期断面型材以及钢球等。

3）斜轧　两轧辊旋转方向相同，轧件轴线与轧辊轴线成一定倾斜角度，轧件在轧制过程中，除有绕其轴线旋转运动外，还有前进运动，是生产无缝钢管的基本方法。

（3）挤压：使装入挤压筒内的坯料，在挤压筒后端挤压轴的推力作用下，使金属从挤压筒前端的模孔流出，而获得与挤压模孔形状、尺寸相同产品的一种加工方法。挤压有正挤压和反挤压两种基本方式。正挤压时挤压轴的运动方向与从模孔中挤出的金属流动方向一致；反挤压时，挤压轴的运动方向与从模孔中挤出的金属流动方向相反。挤压法可加工各种复杂断面实心型材、棒材、空心型材和管材。它是有色金属型材、管材的主要生产方法。

（4）拉拔：靠拉拔机的钳口夹住穿过拉拔模孔的金属坯料，从模孔中拉出。而获得与模孔形状、尺寸相同产品的一种加工方法。拉拔一般在冷态下进行。可拉拔断面尺寸很小的线材和管材。如直径为0.015mm的金属线，直径为0.25mm管材。拉拔制品的尺寸精度高，表面光洁度极高，金属的强度高（因冷加工硬化强烈）。可生产各种断面的线材、管材和型材，广泛用于电线、电缆、金属网线和各种管材生产上。

（5）拉深（又称冲压）：依靠冲头将金属板料顶入凹模中产生拉延变形，而获得各种杯形件、桶形件和壳体的一种加工方法。冲压一般在室温下进行，其产品主要用于各种壳体零件，如飞机蒙皮、汽车覆盖件、子弹壳、仪表零件及日用器皿等。

（6）弯曲：在弯矩作用下，使板料发生弯曲变形或使板料或管、棒材得到矫直的一种加工方法。

（7）剪切：坯料在剪切力的作用下产生剪切。使板材冲裁，以及板料和型材切断的一种常用加工方法。

为了扩大加工产品品种，提高生产率，随着科学技术的进步，相继研究开发了多种由基本加工方式相组合而成的新型塑性加工方法。如轧制与铸造相结合的连铸连轧法、锻造与轧制相结合的辊锻法、轧制与弯曲相结合的辊变成形法、轧制与剪切相结合的搓轧法（异步轧制法）、拉深与轧制相结合的旋压法等。

为使金属工件具有所需要的力学性能、物理性能和化学性能，除合理选用材料和各种成形工艺外，热处理工艺往往是必不可少的。金属热处理是将金属工件放在一定的介质中加热到适宜的温度，并在此温度中保持一定时间后，又以不同速度冷却的一种工艺方法。金属热处理是材料科学中的重要工艺之一，与其他加工工艺相比，热处理一般不改变工件的形状和整体的化学成分，而是通过改变工件内部的显微组织，或改变工件表面的化学成分，赋予或改善工件的使用性能。其特点是改善工件的内在质量，大体来说，它可以保证和提高工件的各种性能，如耐磨、耐腐蚀等。还可以改善毛坯的组织和应力状态，以利于进行各种冷、热加工。而这一般不是肉眼所能看到的。

金属热处理工艺大体可分为整体热处理、表面热处理、局部热处理和化学热处理等。根据加热介质、加热温度和冷却方法的不同，每一大类又可区分为若干不同的热处理工艺。同一种金属采用不同的热处理工艺，可获得不同的组织，从而具有不同的性能。钢铁是工业上应用最广的金属，而且钢铁显微组织也最为复杂，因此钢铁热处理工艺种类繁多。

一般来说，整体热处理是最常用也是最基本的金属热处理工艺。整体热处理是对工件整体加热，然后以适当的速度冷却，以改变其整体力学性能的金属热处理工艺。钢铁整体热处理大致有退火、正火、淬火和回火四种基本工艺，俗称热处理工艺中的“四把火”。

四、实验设备及材料

实验设备：挤压机、轧制机、锻压机、拉拔机等普通金属材料加工设备（可根据具体实验条件选择合适设备），切割机、电阻加热炉、退火炉等；

实验材料：铝合金、镁合金、钢铁（自选）。

五、实验内容及步骤

在设计实验前需要查阅大量相关资料，制定合理的金属材料加工制度。具体的加工步骤如下：

（1）查阅资料，确定材料加工工艺，包括塑性成形工艺和热处理工艺；

（2）选取材料类型（钢铁、铝合金、镁合金、钛合金等）、材料形状类型（管、棒、型、线材）、设备类型（挤压机、轧制机、锻压机、拉拔机等）；

（3）准备材料、设备和仪器；

（4）按照制定的工艺进行试验；

（5）观察试验现象，分析并讨论试验结果；

（6）写出详细的实验报告。

现举例设计一种金属材料塑性成形工艺组合，以给读者范例。

加工 6061 铝合金为棒材：6061 铸锭规格为 ϕ192mm × 600mm，加工成棒材的规格为 ϕ32mm，工艺流程如图 5-10 所示。

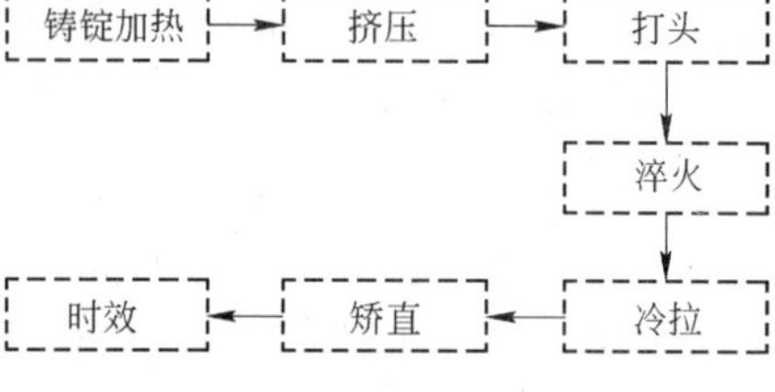

图 5-10 6061 铝合金棒材生产工艺流程

6061 棒材生产相关制度：挤压温度 450℃，淬火温度 525 ~ 530℃ ，淬火保温时间 100min，水淬，冷拉变形量 7%，人工时效温度 160℃，时效时间 10h。

六、实验报告要求

（1）在设计该实验前要查阅大量资料，实验报告中应记录所查阅的资料，并注明参考文献；

（2）画出生产工艺流程图，给出详细的相关制度，并说明制定各种制度的依据（参考相关资料）；

（3）通过本创新设计型实验后所获得的心得。

参考文献

[1] 邹贵生．材料加工系列实验［M］．北京：清华大学出版社，2005.
[2] 汪大年．金属塑性成形原理［M］．北京：机械工业出版社，1986.
[3] 王祖唐．金属塑性加工工步的力学分析［M］．北京：清华大学出版社，1987.
[4] 赵刚，胡衍生．材料成形及控制工程综合实验指导书［M］．北京：冶金工业出版社，2008.
[5] 崔忠圻，覃耀春．金属学与热处理［M］．北京：机械工业出版社，2007.
[6] 石德柯．材料科学基础［M］．北京：机械工业出版社，2003.
[7] 何明，赵文英．金属学原理实验［M］．北京：机械工业出版社，1988.
[8] 陆文周．工程材料及机械制造基础实验指导书［M］．南京：东南大学出版社，1997.
[9] 吴晶，纪嘉明，丁红燕．金属材料实验指导［M］．镇江：江苏大学出版社，2009.
[10] 葛利玲．材料科学与工程基础实验教程［M］．北京：机械工业出版社，2008.
[11] 潘清林．金属材料科学与工程实验教程［M］．长沙：中南大学出版社，2006.
[12] 杨明波．金属材料实验基础［M］．北京：化学工业出版社，2008.
[13] 郑子樵．材料科学基础［M］．长沙：中南大学出版社，2005.
[14] 吴润，刘静．金属材料工程实践教学综合实验指导书［M］．北京：冶金工业出版社，2008.
[15] 张友寿．成形加工实验教程［M］．武汉：华中科技大学出版社，2005.
[16] 周世权．材料成形及机械制造工艺综合设计型创新实验［M］．武汉：华中科技大学出版社，2002.
[17] 胡灶福，李胜祗．材料成形实验技术［M］．北京：冶金工业出版社，2007.
[18] 肖宁辉．现代无损检测新技术新工艺与应用技术标准大全［M］．长春：银声音像出版社，2006.
[19] 王广生．金属热处理缺陷分析及案例［M］．北京：机械工业出版社，2007.
[20] 王仲生．无损检测诊断现场实用技术［M］．北京：机械工业出版社，2001.
[21] 刘福顺，汤明．无损检测基础［M］．北京：北京航空航天大学出版社，2002.
[22] 牛济泰．材料和热加工领域的物理模拟技术［M］．北京：国防工业大学出版社，1999.
[23] 黄培云．粉末冶金原理［M］．北京：冶金工业出版社，2004.
[24] 丁德全．金属工艺学［M］．北京：机械工业出版社，1998.
[25] 彭大暑．金属塑性加工原理［M］．长沙：中南大学出版社，2004.
[26] 李永堂．锻压设备理论与控制［M］．北京：国防工业出版社，2005.
[27] 刘玉文．锻压专业实验指导书［M］．北京：机械工业出版社，1989.
[28] 姜奎华．冲压工艺与模具设计［M］．北京：机械工业出版社，1997.
[29] 高锦张．塑性成形工艺与模具设计［M］．北京：机械工业出版社，2002.
[30] 李胜利．材料加工技术实验与测试技术［M］．北京：冶金工业出版社，2010.
[31] 陈明和．应力成形极限在板料成形分析中的应用基础研究［D］．南京航空航天大学，2008.
[32] 卢志文，汪凌云，邱晓刚，等．镁合金板材成形极限图（FLD）的实验研究［J］．材料导报，2005，19(6)：108～110.
[33] 唐明君，刘海江，赵国庆，等．铝合金板材弯曲性能试验［J］．轻合金加工技术，2005，33（2）：38～40.

冶金工业出版社部分图书推荐

书　　名	作　者	定价(元)
基于新竞争力视角的企业规模经济性研究	刘　明　等著	20.00
中学英汉—汉英双向分科词典	王治江　主编	29.00
计算几何若干方法及其在空间数据挖掘中的应用	樊广佺　著	25.00
生产者责任延伸制度下企业环境成本控制	刘丽敏　著	25.00
现代有色金属冶金科学技术丛书——镓冶金	翟秀静　等编著	45.00
德国固体废弃物处置技术	赫英臣　等编著	65.00
室内声场脉冲响应的测量	杨春花　著	25.00
典型排土场边坡稳定性控制技术	孙世国　等著	62.00
旅游地质系列丛书　旅游地质景观空间信息与可视化	庞淑英　等著	25.00
旅游地质系列丛书　旅游地质景观类型与区划	李　波　等著	22.00
旅游地质系列丛书　旅游地生态地质环境	范　弢　等著	25.00
创业投资引导基金的理论与实践	李吉栋　著	25.00
河北环渤海经济区科学发展探索	张大维　等著	39.00
论数学真理	李浙生　著	25.00
有色金属冶金科学技术丛书		
碱介质湿法冶金技术	赵由才　等编著	38.00
股权分置改革后的上市公司治理	封文丽　著	26.00
复杂开采条件下冲击地压及其防治技术	孙学会　主编	35.00
深井硬岩大规模开采理论与技术——冬瓜山铜矿开采研究与实践	李冬青　等著	139.00
抚顺煤矿瓦斯综合防治与利用	孙学会　著	50.00
中厚板生产实用技术	王生朝　编著	58.00
矿山岩石力学若干测试技术及其分析方法	赵　奎　著	26.00
氧化铜矿浮选技术	刘殿文　等编著	24.50
数字图书馆工程项目研究	赵　鹏　等编著	30.00
有限元简明教程	赵　奎　等编著	28.00
冶金分析与实验方法	刘淑萍　等著	30.00
粉末金属成形过程的计算机仿真与成形中的缺陷预测	董林峰　著	20.00
矿山注浆堵水帷幕稳定性及监测方法	张省军　等编著	20.00
有色金属冶金科学技术丛书——锑冶金	雷　霆　等编著	88.00
从亚洲金融危机到国际金融危机	封文丽　著	18.00
物理功能复合材料及其性能	赵浩峰　等编著	68.00
机械工程基础	韩淑敏　主编	29.00
地下开采边界品位动态优化研究及其应用	初道忠　著	22.00